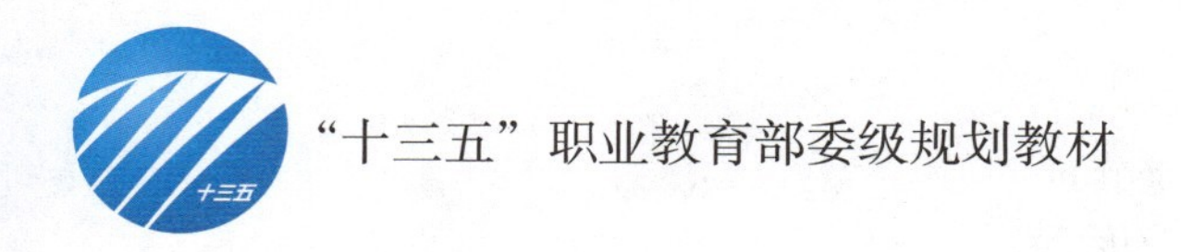

"十三五"职业教育部委级规划教材

针织服装设计

曾 丽 编著

中国纺织出版社

内容提要

本书内容包括针织服装设计的基础部分、技术部分和设计部分，基础部分介绍了针织和针织服装的概念以及传统针织服装；技术部分介绍了针织物的组织结构以及针织纱线、材质肌理设计；设计部分介绍了针织服装的形式美法则、设计风格、造型设计、色彩和图案设计以及系列设计，也介绍了针织服装流行的内容。

本书可作为应用型高等院校、高等职业院校、高等专科院校、成人高等院校等相关专业学生用书，也可供中等职业院校及服装、针织爱好者和专业人员参考使用。

图书在版编目（CIP）数据

针织服装设计 / 曾丽编著 . -- 北京 : 中国纺织出版社，2018.7（2024.3重印）

“十三五”职业教育部委级规划教材

ISBN 978-7-5180-5174-8

Ⅰ. ①针… Ⅱ. ①曾… Ⅲ. ①针织物—服装设计—职业教育—教材 Ⅳ. ① TS186.3

中国版本图书馆 CIP 数据核字（2018）第 136568 号

策划编辑：宗 静　　责任编辑：亢莹莹　　责任校对：王花妮

责任印制：何 建

中国纺织出版社出版发行

地址：北京市朝阳区百子湾东里A407号楼　邮政编码：100124

销售电话：010—67004422　传真：010—87155801

http：//www.c-textilep.com

E-mail：faxing@c-textilep.com

中国纺织出版社天猫旗舰店

官方微博 http：//weibo.com/2119887771

北京通天印刷有限责任公司印刷　各地新华书店经销

2018年7月第1版　2024年3月第2次印刷

开本：787×1092　1/16　印张：12.75

字数：150千字　定价：58.00元

前言

近二十多年来，我国针织服装业蓬勃发展，随之带来针织服装教育的迅速崛起，这在给我们行业教育者带来兴奋的同时，也倍感社会压力和责任。随着国际针织服装行业的变化和中国针织服装产业的发展，针织服装设计已经不局限于传统款式和定势审美，针织服装设计师需要更专业化、个性化、创意化、时尚化、国际化的知识结构和专业技能。同时，针织专业和服装专业具有各自的知识体系，交叉学科的融合要求专业教材既有针织基础理论，也需要系统的服装设计知识，二者不能各自表述，而是互为应用、互相促进。为体现当前高职教育及应用型教育以社会实践为重、培养实用型人才的特点，本书除了介绍针织服装基本理论之外，还包含大量的图片和学生设计案例，循序渐进传授了针织服装设计方法和技能，也传递了当代国际化的时尚审美趣味和风格。本书立足全面性和系统性的知识技能体系，各学校在教授时可根据不同的教学要求在内容深度上予以充实和加强。本书采用来自WGSN网站的成衣图片，部分作品为学生创作，在此一并表示诚挚感谢。

本书可作为高等教育院校、高职院校和中职院校服装专业和针织专业的教材，也可供服装设计、针织爱好者和专业人员参考。由于针织服装产业和教育领域发展迅速，编者水平有限，书中难免会有疏漏之处，热忱欢迎专家、同行和读者批评指正。

编著者

2017年8月

教学内容与课时安排

章/课时	课程性质/课时	节	课程内容
第一章（4课时）	理论基础（4课时）		• 针织及针织服装概述
		一	针织及针织服装
		二	传统针织服装
第二章（12课时）	理论与实践（48课时）		• 针织物的组织结构
		一	纬平针组织
		二	罗纹组织
		三	双罗纹组织和双反面组织
		四	移圈组织
		五	提花组织
		六	集圈组织
		七	其他组织结构
第三章（8课时）			• 针织服装材质及肌理
		一	纱线
		二	针织服装线材设计
		三	针织服装肌理设计
		四	针织小样
第四章（12课时）			• 针织服装造型设计
		一	针织服装形式美法则
		二	针织服装造型元素
		三	针织服装设计风格
		四	针织服装款式设计
第五章（6课时）			• 针织服装色彩及图案设计
		一	针织服装色彩设计
		二	针织服装图案设计
第六章（10课时）			• 针织服装系列设计
		一	针织服装设计的灵感和主题
		二	针织服装设计方法
		三	针织服装的系列设计
		四	针织服装的时尚语言

目录

理论基础——

针织及针织服装概述

课题名称：针织及针织服装概述

课题内容：1. 针织及针织服装

2. 传统针织服装

课题时间：4课时

教学目的：使学生通过理论学习，掌握针织和针织服装的基本概念，为后续章节学习打下基础。

教学方法：1. 通过国外院校针织服装设计案例，明确课程目的。

2. 通过近年针织服装设计案例，了解传统针织服装的现代化和时尚化设计。

3. 快速课堂设计风暴。

教学要求：掌握针织的基本概念和主要性能，了解针织服装的分类，熟悉典型的传统针织服装及其现代化和时尚化的手法。

第一章　针织及针织服装概述

第一节　针织及针织服装

一、针织

织物可分为针织物、机织物和非织造织物。针织物是由线圈相互串套而成的织物，线圈是针织物最小的基本单元。线圈正反面、纵横向不一样。在针织物中纱线弯曲成空间曲线。由于每个线圈由一根纱线组成，纵向拉伸时，线圈的高度增加，宽度减小，即线圈高度和宽度可以互相转换。针织物的延伸性比机织物大得多，而且能各个方向延伸。此外，针织物是由孔状的线圈形成的，所以有较大的透气性，针织物一般较松软，如图1–1所示。

机织物是由两组相互垂直的纱线，经纱①和纬纱②交织而成。经纱和纬纱之间的每一个相交点称为组织点，是机织物的最小基本单元。机织物只在经纱与纬纱交织的地方有些弯曲，收缩与织物纵向延伸关系不大。一般机织织物比较紧密、挺括，如图1–2所示。

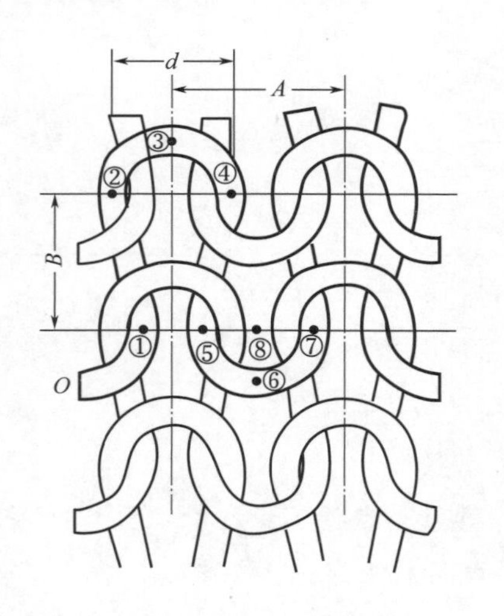

图1–1　针织结构图

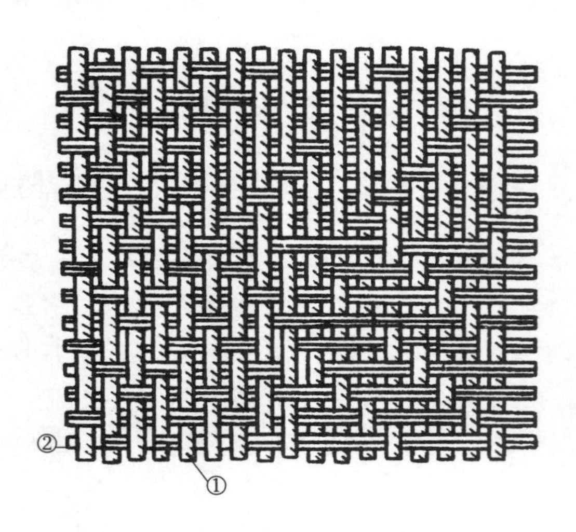

图1–2　机织结构图

非织造织物也叫非织造布、无纺织物，是纤维网状结构物，原料是纤维，不同于针织物和机织物的纱线。非织造织物用的是杂乱的纤维网，纤维用化学、机械、热熔的方法连接成布。由于非织造织物的透气性及服用性较差，因而较少用于服装，多见于一次性内衣、购物袋和环保袋等，如图1–3所示。

如图1–4所示展示了超大尺寸的棒针针织作品，于2008年展于伦敦亚历山大宫的The Stitch and Knitting Fair。

图1-3 非织造布

图1-4 艺术家Alfreda Mchale的艺术装置“Have you seen my knitting”

二、针织的分类

针织使用的设备和品种各不相同，就编织方法而言，可分为纬编和经编两大类，如图1-5所示。

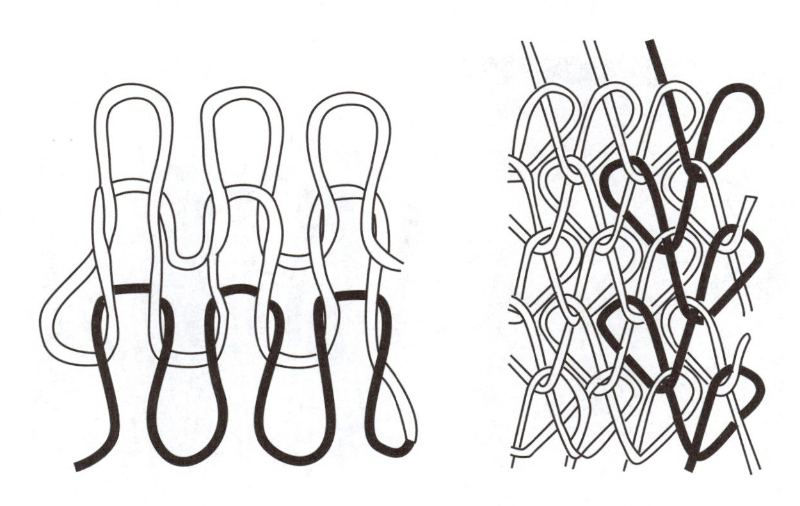

图1-5 纬编组织结构图（左）和经编组织结构图（右）

1. 纬编

将纱线由纬向放入针织机的工作针，使纱线依次弯曲成圈状并相互穿套而形成针织物的一种方法。用这种方法形成的织物称纬编针织物，完成这一工艺过程的针织机叫纬编针织机。横机编织、圆机和手工编织都属于纬编。

2. 经编

将一组或几组平行排列的纱线，由经向放入针织机的所有工作针，同时进行成圈而形成针织物的一种方法。用这种方法形成的织物称经编针织物，完成这一工艺过程的针织机叫经编针织机。经编针织产品包括泳衣、拉舍尔毛毯和花边等。

本书主要就纬编针织服装设计进行介绍和论述。

三、针织基本概念

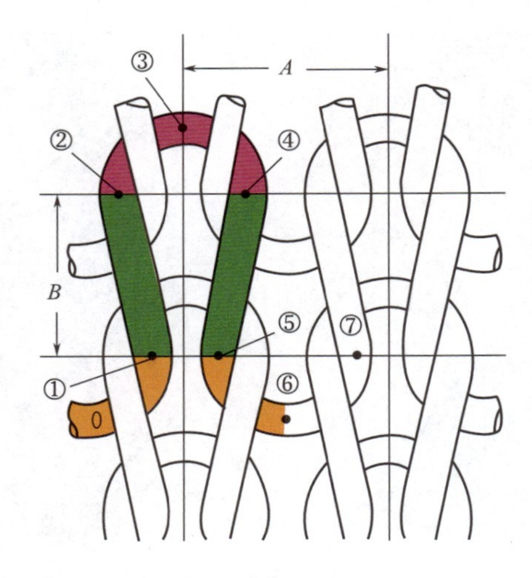

图1–6 线圈结构图

- 线圈：由圈干①—②—③—④—⑤和延展线⑤—⑥—⑦所组成，如图1–6所示。
- 圈柱：圈干的直线部段①—②与④—⑤。
- 针编弧：弧线部段②—③—④。
- 沉降弧：延展线⑤—⑥—⑦，连接相邻的两只线圈。
- 圈距：在线圈横列方向上，两个相邻线圈对应点间的距离，以*A*表示。
- 圈高：在线圈纵行方向上两个相邻线圈对应点间的距离，以*B*表示。
- 线圈横列：线圈在横向连接的行列。
- 线圈纵行：线圈在纵向串套的行列。
- 针织物的正面：线圈圈柱覆盖于线圈延展线上的一面，如图1–7所示。
- 针织物的反面：线圈延展线覆盖于线圈圈柱的一面，如图1–8所示。

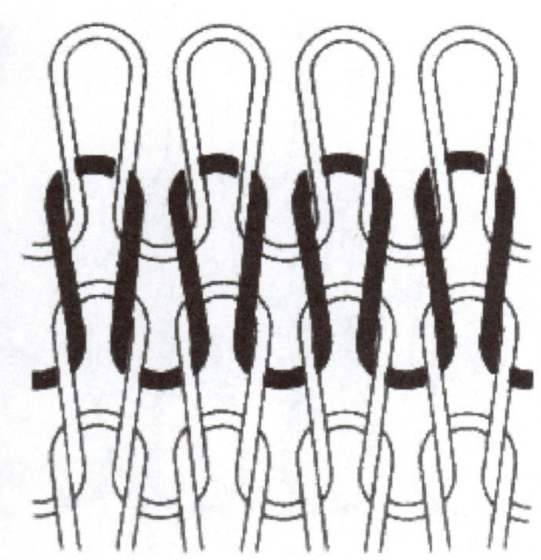

图1–7 针织正面及结构图

- 单面针织物：线圈的延展线或圈柱集中分布在针织物的一面。
- 双面针织物：线圈的延展线或圈柱分布在针织物的两面。

四、针织物特性

针织物相对于机织物而言，具有良好的弹性、透气性和保暖性以及松软等特性，原因主要是针织线圈结构可以进行转移，而机织物经纬纱不会发生转移。 在针织服装设计中要充分

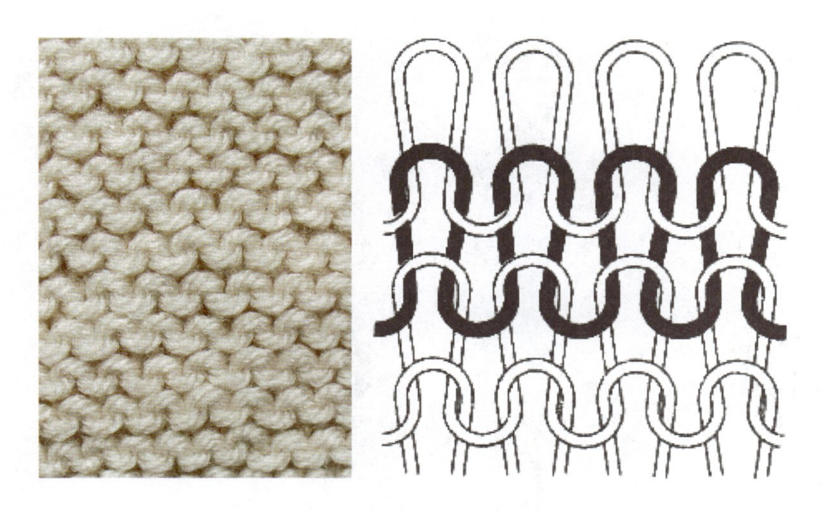

图1-8 针织物反面及结构图

考虑针织物的特点，扬长避短或者利用逆向思维进行创新独特的设计。

1. 延伸性

针织物延伸性指针织物在受到外力拉伸时，其尺寸伸长的特性。当针织面料往一个方向拉伸时，另一方向回缩。一般针织物都是多向拉伸。延伸性主要是由于线圈结构的改变而发生的变形。针织物一般都具有较大的延伸性。

2. 弹性和适形性

针织物弹性指引起织物变形的外力去除后，织物回复原来形状的能力。针织物弹性在使得塑造人体曲面时，不需要像机织面料一样添加松量，不需要利用省道进行塑形或者开衩来增加活动量。良好的弹性导致其适形性好，使得针织物适合各类人体体型，尤其适用于紧身廓型以及内衣、泳衣和运动服等需要贴体和人体活动量的服装款式和种类，甚至某些特殊的造型，如图1-9、图1-10所示。

3. 尺寸稳定性

针织线圈结构使得针织物在拉伸时，线圈圈柱和圈弧相互转移，如果在外力去除后无法恢复原状，导致针织面料的尺寸稳定性变差。

4. 工艺回缩性

针织物在加工处理过程中会产生长度和宽度的变化。针织物的收缩包括下机收缩、染整收缩、水洗收缩等。针织物下机后经过一定时间，织物长度比下机时要短。羊毛衫在穿着洗涤后，规格往往会缩小。针织面料在缝制过程中，其长度与宽度方向发生一定程度的回缩。工艺回缩程度可用收缩率表示，回缩率可以为正值或负值，横向收缩、纵向增长时，横向收缩率为正、纵向为负。收缩率可用下公式求得：

$$Y = (H_1 - H_2) / H_1 \times 100\%$$

式中：Y——针织物的收缩率；

H_1——加工和处理前的尺寸；

H_2——加工和处理后的尺寸。

图1-9　Mark Fast　2010秋冬
（大号模特走秀，体现针织服装的良好弹性）

图1-10　Fashion East　2017春夏
（针织面料的弹性塑造雕塑般的结构廓型）

5. **歪斜性**

针织物歪斜指在自由状态下线圈纵向的歪斜。线圈的歪斜与纱线的捻度和织物的稀密程度有关。织物越稀松，歪斜性越大；织物越紧密，歪斜越少。如果采用低捻和捻度稳定的纱线，以及适当提高针织物的编织密度，都可以减少线圈的歪斜现象。

6. **脱散性**

针织物的脱散性指纱线断裂或线圈失去串套联系后，在外力的作用下，线圈与线圈分离的现象。脱散性影响针织物的美观和穿着牢度，如长筒丝袜的纵向脱散。一般纬编织物易脱散，经编织物不易脱散。可利用逆向思维进行漏针和脱散效果的设计，如图1-11～图1-13所示。

7. **卷边性**

某些针织组织在自由状态下，边部发生包卷的现象称为卷边。这是由于线圈中弯曲线段所具有的内应力，力图使纱线段伸直而引起的。卷边性与组织结构、纱线弹性、粗细和捻度等相关。一般单面针织物卷边性严重，双面针织物无卷边性。造型上解决边口脱散性和卷边性的处理方式包括罗纹、

图1-11　针织物的拆散

图1-12　KTZ　2018春夏

图1-13　Vivienne Westwood　2017春夏

绲边、饰边、贴边、缝迹处理、流苏穗和钩编，如图1-14、图1-15所示。

8. **钩丝起毛起球**

钩丝是针织物碰到尖硬的物体，纤维或纱线被钩出，在织物表面形成丝环。起毛是织物不断受摩擦，纱线表面的纤维端突出于织物，织物表面发毛。起球是若这些起毛的纤维端在以后的穿着使用过程中不能及时脱落，就相互纠缠在一起被揉成许多球形小粒。钩丝起毛起球主要在化纤产品中较突出，与原料品种、纱线结构、针织物结构、染整加工、成品的服用条件等有关，如图1-16所示。

图1-14　平针卷边性

图1-15　邱昊及其获得2008国际羊毛标志大奖
（Woolmark Prize Award作品）

五、针织服装分类

针织服装是用针织物或毛纱线加工制成的服装，在结构、性能、外观以及生产方式等方面都与机织服装不同。针织服装有多种分类方法，可分为是用毛纱或毛型化纤纱线编结成的服装，俗称毛衣，以及用棉、丝、麻、棉型化纤或混纺交织的针织物缝制成的服装。针织服装根据成衣工艺，又分为裁剪针织服装和成型衣片针织服装两种，成型衣片又有全成型和部分成型之别，全成型是指在针织机上已形成衣片，可直接用以缝合成衣；部分成型是指在

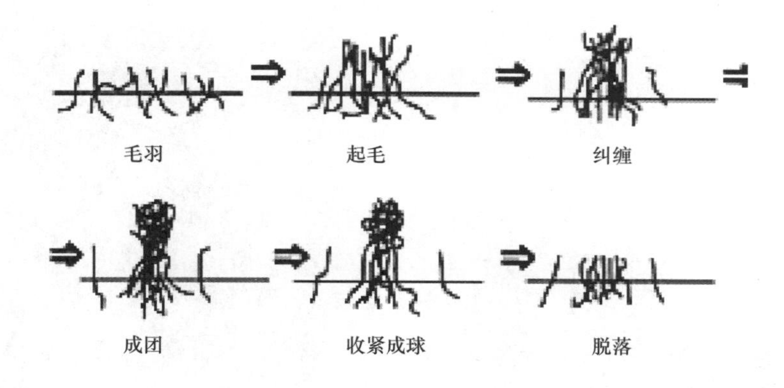

图1-16　钩丝起毛起球的过程

针织机上织成近似的衣片，需经部分裁剪（如领圈、袖窿）才能缝合成衣。按针织工艺可分为纬编针织服装和经编针织服装，纬编织物有较大的延伸性、透气性和弹性；经编织物则紧密，延伸性小，挺括，不易变形，花纹变化多，用途较广。按编织方式分手工针织服装和机器针织服装。根据针织面料的用途分为针织毛衣、针织时装、针织运动服、针织内衣和针织服饰品。广义的针织服装还包括手套、袜子、针织帽子、钩编的抽纱制品、围巾、以及各种采用针织面料或针织原理织造和加工的各种产品。

第二节　传统针织服装

最早的针织可追溯到公元前6000年的埃及。公元前1000年人们已经很熟练地使用手指进行针织。针织最早的实物是1933年在叙利亚发现的公元前256年的针织织物碎片，组织结构是正针和反针结合，如图1-17所示。一些欧洲画作绘画了正在编织的圣母玛利亚，为14世纪针织的存在提供了证据，其中贝尔塔姆（Master Bertram of Minden）绘画作品用四根棒针编织无缝毛衣的圣母像，如图1-18所示。在中世纪的欧洲，手工针织十分常见，帽子、手套和袜子的生产是重要的工业。1589年英国人威廉·李发明第一台针织机，从此针织服装逐渐从手工业向机械生产转变，如图1-19所示。1965年伊夫·圣·洛朗设计了一款针织的婚礼服，颠覆传统的婚纱设计，对后来针织服装的时尚化和艺术化起到重要作用，如图1-20所示。当今针织的发展主要体现在智能纤维、电脑横机和全成型针织服装等方面。

毛针织服装发展历史中的经典针织服装，如费尔岛毛衣、渔夫毛衣和阿兰花毛衣等，是激发设计灵感的重要来源，和潮流融合，创造出新的款式。利用针织的独特个性，结合纱线和材质，开拓这些传统针织服装的边界，设计出更多体现设计师思想，符合当下时尚的针织服装。

一、设得兰群岛（Shetland）渔夫毛衣

渔夫毛衣源自设得兰群岛，该群岛位于英国本土苏格兰以北。渔夫毛衣耐穿、舒适、温

图1-17 最早的针织面料

图1-18 天使到访

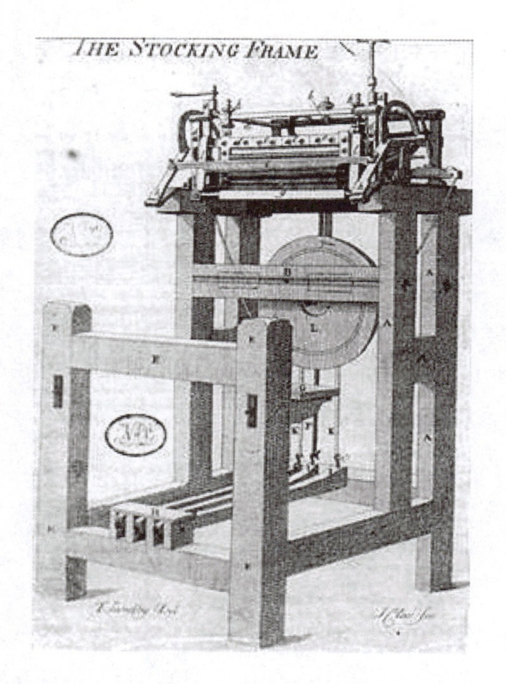

图1-19 威廉·李发明的第一台针织机

图1-20 YSL针织婚纱
（资料来源：www.anothermag.com）

暖，通常采用过油的羊毛和紧实的组织结构编织，可抵御雨水和溅上的海浪。渔夫衫最开始是蓝黑色，接近黑色。编织时使用四根或更多的棒针，目的是毛衣不需要缝合。渔夫毛衣图案多为条状，有时条与条之间编织不同的组织结构肌理。由于17世纪的贸易开放，这种毛衣很快在英国成为渔夫必备服装，图案和肌理产生了新的变化。丰富的针织组织结构使得图案独特个性，每家每户的针法有其特点，这些针法代代相传，据说死于海上的渔夫可以从其穿着的渔夫毛衫上的组织结构来辨认家族，如图1–21所示。

图1–21　设得兰渔夫

（资料来源：www.tricksyknitter.com）

二、费尔岛（Fair Isle）毛衣

费尔岛毛衣发源于苏格兰北部的费尔岛。这种毛衣特色是每件毛衣具有独特的图案和丰富的色彩组合，由单独图案连续形成横条图案，图案色彩不断变换，传统上使用5～7种颜色，配色大胆。费尔岛毛衣突出的缺点是背面横跨多针的浮线，这些浮线必须足够短，避免勾丝。虽然现在费尔岛图案可以在提花系统无浮线编织，但正是这些浮线才是费尔岛毛衣的真实性和特色。费尔岛毛衣在1910年重新流行，20世纪20年代成为富人和中产阶级的时装，如图1–22、图1–23所示。

图1–22　Facetasm　2017秋冬

图1–23　Sonia Rykiel　2011秋冬

三、北欧毛衣

北欧毛衫是斯堪的纳维亚地区的毛衫，特点是领子到肩部的圈装图案和北欧地区特有的图案。北欧毛衣的育克形态来源于格陵兰岛民族服装中的珠领，如图1–24所示。围领的装饰

图1–24　格陵兰岛珠领
（资料来源：www.arctico5.org）

性很强，可以在袖口和下摆进行呼应，如图1–25、图1–26所示。北欧毛衣常采用大自然的图案，如雪花、麋鹿、藤蔓、花卉和小鸟，如图1–27～图1–29所示。例如，圣诞毛衣图案多为北欧毛衣上的经典图案以及圣诞老人等圣诞应景图案，造成成人穿童装的效果。

图1–25　Valentino　2017秋冬

图1–26　Chanel　2015秋冬

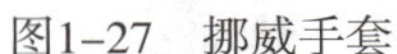

图1-27 挪威手套

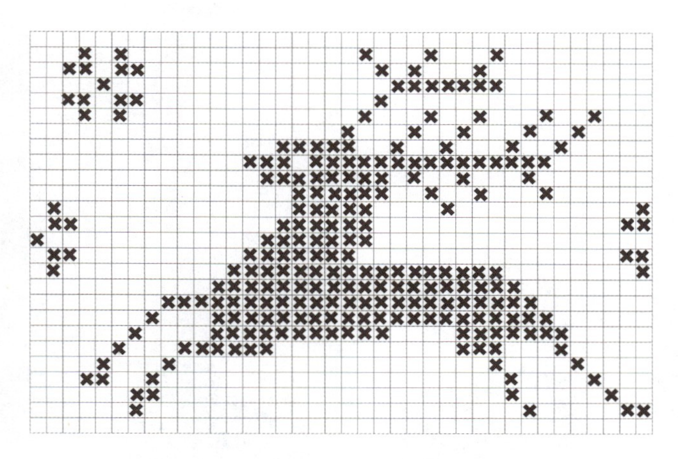

图1-28 麋鹿图案

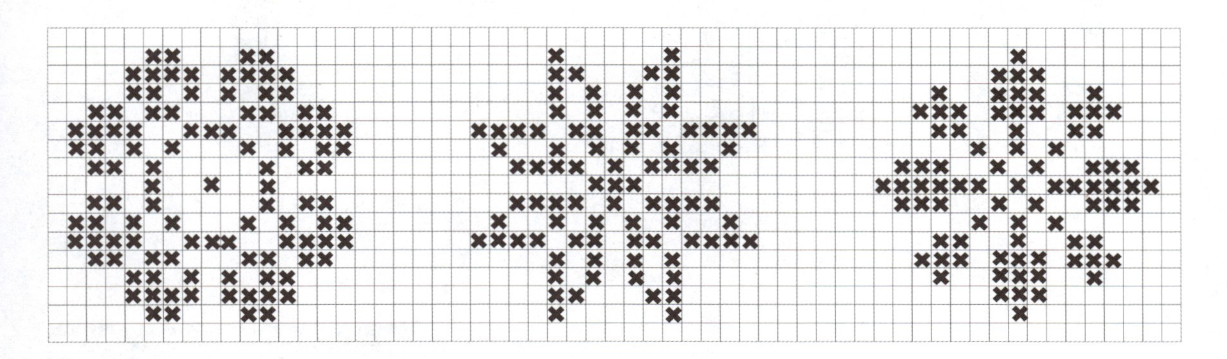

图1-29 八角形雪花图案

四、阿兰（Aran）毛衣

阿兰毛衣是英国少数民族盖尔人的一种针织服装，18世纪早期起源于爱尔兰西部的阿兰群岛。20世纪40年代阿兰毛衣第一次出现在英国*Vogue*杂志上，便在英国立刻流行起来。传统阿兰毛衣是用未经染色的奶油色粗羊毛线，有时是自然黑色羊毛，手工编织。因为纱线未经处理，所以含有可防水的天然羊毛脂。基本的阿兰花是简单的绞花设计和可以相互缠绕的组织结构，形成紧密的绞花、蜂巢、菱形和网格等各种结构花型，织物表面呈现组织结构形成的丰富三维立体肌理。典型的阿兰设计包括一个中片、两个侧片和绞花组织，如图1-30、图1-31所示。

五、菱形图案毛衣

菱形图案来源于西苏格兰坎贝尔家族的格子，由钻石型色块以对角线骨架构成。传统在手工针织机上实现，现在可通过电脑横机实现。菱形图案采用嵌花技术，一横列多色的单面针织。菱形图案流行的复兴应该归功于苏格兰奢侈针织服装品牌Pringle of Scotland（普林格），其品牌标志之一为菱形图案，如图1-32～图1-34所示。

图1-30　阿兰花织物

图1-31　Jean Paul Gaultier　2017秋冬

图1-32　20世纪20年代Pringle of Scotland的经典菱形图案

图1-33　Isola Marras　2018春夏

图1-34 Pringle of Scotland 2014秋冬
（菱形图案和3D打印技术的结合）

练习与实践

1. 请设计一个款式，并分别以针织物和机织物制订面料方案，对比两者之间的差异。
2. 请以针织的卷边性为元素设计一系列服装。
3. 请利用针织的弹性进行服装外轮廓造型的设计。
4. 请对传统针织服装进行资料挖掘和分析，并以此为素材设计一系列针织服装款式。

理论与实践——

针织物的组织结构

课题名称： 针织物的组织结构

课题内容： 1. 纬平针组织

2. 罗纹组织

3. 双罗纹组织和双反面组织

4. 移圈组织

5. 提花组织

6. 集圈组织

7. 其他组织结构

课题时间： 12课时

教学目的： 从设计角度掌握针织组织结构的种类、特点，验证组织结构和服装设计之间的关系，为后续设计章节打下针织学基础。

教学方法： 1. 通过对针织服装产品分析组织结构。

2. 练习给定组织结构下密度的确定、纱线选择以及对服装设计的影响。

教学要求： 熟悉各类组织结构的线圈结构图，掌握各类组织结构的外观和特性，掌握各类组织结构在服装中的设计运用。

第二章　针织物的组织结构

明确组织设计是整个针织服装设计的基础，组织的选择和设计对于针织服装造型塑造和风格表达、增加创意和美感至关重要。纬编针织物的组织结构分为基本组织、变化组织和花色组织，种类繁多，性能、手感和外观各异，形成不同的风格个性。毛衫织物组织各有其性能，组织的结合设计能有效地发挥各自具备的优势，为针织服装款式的实现提供可能性。在掌握组织结构基本性能的基础上，拓宽设计思路，通过纱线、色彩、图案的变化以及与其他组织的相互结合可以获得丰富多彩的效果。将组织与设计方法相结合也是工艺与设计相结合的体现。作为针织服装设计师，必须熟悉掌握组织结构，了解组织结构与纱线特征、服装款型之间的对应关系，了解不同组织在毛衫设计上的搭配使用。

第一节　纬平针组织

一、纬平针组织结构

纬平针简称平针组织，是最简单、最基本和最常用的单面组织。纬平针具有明显的正、反面外观，如图2-1（a）所示为正面，呈现的是线圈的圈柱，外观显示出纵向条纹；如图2-1（b）所示为反面，外观显露出横向圈弧。纬平针织物同一面上的每个线圈的大小、形状、结构完全相同。正面比较光洁，反面较正面暗淡。平针织物顺逆编织方向都脱散，横向

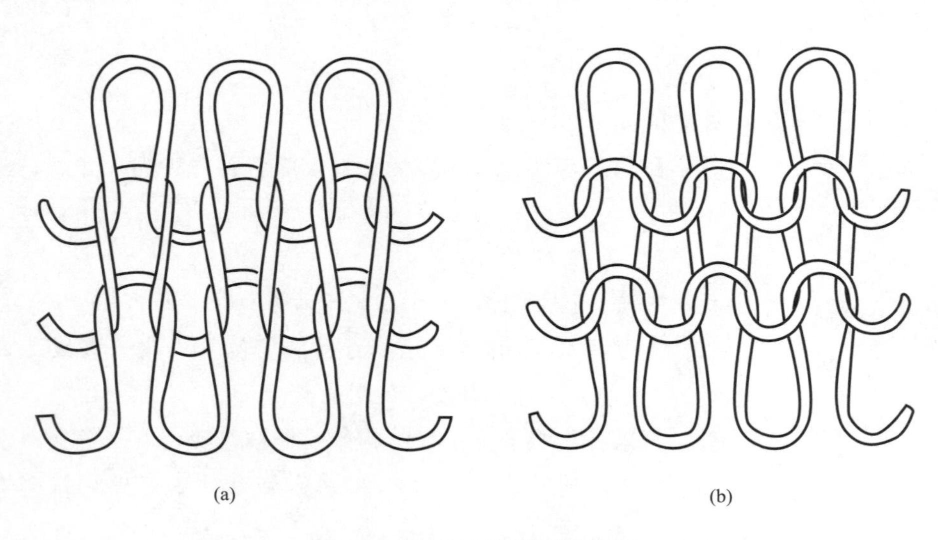

图2-1　纬平针组织线圈结构图

脱散时，纱线没有断裂，线圈从整个横列中脱出来；纵向脱散时，纱线断裂，线圈沿纵行从断裂纱线处顺序脱散。

纬平针织物的边缘具有显著的卷边现象，横列方向和纵行方向的卷边方向不同，横列方向边缘线圈向针织物的反面卷曲，纵行方向的边缘线圈向针织物的正面卷曲。平针织物的卷边性随着纱线弹性的增大、纱线变粗和线圈长度的减少而增加，如图2-2、图2-3所示。

图2-2　机器编织纬平针织物

图2-3　手工编织纬平针织物

二、纬平针组织的变化

1. 间色横条纬平针织物

间色横条是纬平针最常见的变化形式。编织纬平针时，根据设计的横条宽度，在横列开始处更换不同颜色的纱线，形成间色横条效果。更换纱线的色彩时，也可更换纱线种类，两者的结合丰富了纬平针的外观和触感，如图2-4、图2-5所示。

图2-4　Tory Burch　2017秋冬

图2-5　Molly Goddard　2017春夏

图2-6　纬平针反面

2. 反面纬平针织物

以纬平针织物的工艺反面作为服用正面，圈弧突起，形成小波浪外观。多见于休闲风格服装和童装，如图2-6、图2-7所示。

3. 正反面线圈结合的图案设计

利用反面线圈突出在纬平针织物正面的特点进行图案设计，具有浅浮雕效果，也称为大马士革（Damask）组织。阿兰花和渔夫毛衫等经典针织服装经常采用这一方法，如图2-8所示，上方是正面线圈基础上编织反面线圈菱形图案，菱形图案凸出；下方是反面线圈基础上编织正面线圈菱形图案，菱形图案凹陷。如图2-9～图2-11所示为常用的正反针结合的方格等图案。

图2-7　A Detacher　2017秋冬

图2-8　正反针菱形图案

图2-9　正反针方格图案

图2-10　正反针编篮图案

图2-11　正反针叶子图案

反面线圈横列和正面线圈横列的间隔配置形成横向凹凸条纹，如采用不同色彩或不同原料结构的纱线编织，则横条的凹凸感更加明显，如图2-12所示。如图2-13所示的SANS浅灰色毛衣对不同粗细的棒针或机号进行了探索，正面线圈横列和反面线圈横列的转换创造了三维横条纹。

图2-12　反面线圈横条的凸出效应

图2-13　SANS毛衫

4. 松紧密度织物

单面平针织物在编织时，根据设计在不同部位采用不同的密度而织成的单面平针织物，具有疏密对比变化。由于紧密的部位收缩，疏落的部位形成向外蓬松突出。在手工编织时，可通过更换不同粗细的针获得。电脑横机通过程序控制机号的变化，可形成更为丰富随意的松紧或疏密效果，如图2-14、图2-15所示。

5. 双层平针织物

圆筒双层平针织物也称袋形织物、圆筒形织物、管状织物，由连续的单元线圈在横机的前、后针床上轮流编织而成的。由于是循环的单面平针编织，两端边缘封闭，中间呈空筒状。这种织物表面光洁，织物性能与单面平针组织相同，逆编织方向脱散，但双层平针织物比单面平针织物厚实，线圈横向无卷边现象。这种织物主要用于外衣的下摆和袖口边、领边

图2-14　Shao Yen

图2-15　Nina Ricci　2015秋冬

等。设计时可以考虑将单面纬平针组织和双层纬平针组织相结合，不仅在组织上有变化，而且外观上能形成凹凸对比，如图2-16所示。

图2-16　圆筒平针手工编织

三、纬平针组织的款式设计

纬平针组织的外观普通平实，结合纱线、色彩、密度设计织物，可获得丰富多变的视觉和触觉。在进行款式设计时，可利用钉珠绣花、印花等方法进行装饰，也可利用材质设计的各种方法进行肌理再造，形成丰富多变的基于纬平针组织的服装款式和服装风格，如图2-17～图2-21所示。

图2-17　Rochas
（金属纱线的纬平针裙子，疏密度的纬平针开襟衫）

图2-18　Prada　2017秋冬
（纬平针组织的钉珠绣花效果）

图2-19　Federico Curradi
2018春夏
（纬平针组织的染色效果）

图2-20　Cristiano Burani
2017秋冬
（纬平针组织的轻波西米亚风格）

图2-21　Marcode Vincenzo
2017秋冬
（纬平针的荷叶边效果）

第二节　罗纹组织

一、罗纹组织结构

罗纹组织是双面纬编织物，是由正面线圈纵行和反面线圈纵行，以一定组合相间配置而形成。罗纹组织种类很多，取决于正、反面线圈纵行不同的配置，用N_1+N_2来表示，数字N_1表示一个组织循环内正面线圈纵行数，数字N_2表示一个组织循环内反面线圈的纵行数，如图2-22所示。1+1罗纹组织是指正面线圈纵行①、③、⑤与反面线圈纵行②、④一隔一交替排列，如图2-23所示。正反面纵行2隔2配置时称为2+2罗纹，3隔2配置时称为3+2罗纹，如图2-24～图2-26所示。罗纹组织的每一横列由一根纱线编织，既编织正面线圈，又编织反面线圈。

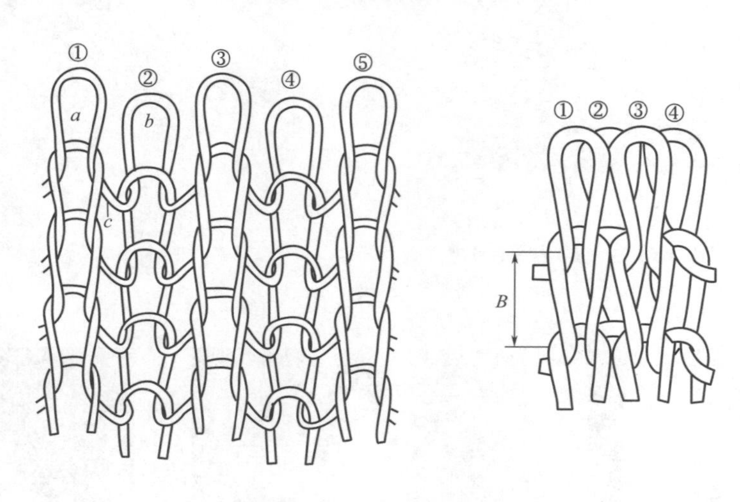

图2-22　罗纹组织拉伸状态及自然状态

图2-23　1+1罗纹

图2-24　2+2罗纹

二、罗纹组织特点

罗纹组织最大特点是较大的横向延伸性和弹性，常用在衣物要求延伸性或弹性大的地方，如袖口、领口、袜口、下摆、弹力衫以及运动衣、裤等，如图2-27～图2-30所示。罗

图2-25　5+3罗纹（正面和反面）

图2-26　不规则罗纹

图2-27　罗纹领

纹组织的弹性除与组织结构有关外，还与纱线的弹性、摩擦力以及针织物密度有关，纱线的弹性越佳，针织物拉伸后恢复原状的弹性也越好；纱线间的摩擦力越大，阻抗针织物回复其原有尺寸的阻力越大，对针织物的弹性有直接的影响；针织物密度越大，其中线圈的弯曲较大，因而弹性较好。罗纹织物的横向延伸性和弹性取决于一个完全组织中正、反面线圈纵行数的不同配置，一般完全组织纵行数越少，其横向延伸性和弹性越好。罗纹的弹性和延伸性适合构建服装廓型，Sandra Backlund经常采用罗纹织物塑造雕塑感的针织服装，如图2-31 ~ 图2-34所示。

图2-28　罗纹袖口

罗纹组织的另一个特点就是单向脱散性，沿逆编织方向可以脱散，但沿顺编织方向不会脱散。完全组织中正、反面线圈纵行相同不出现卷边现象，如果不同会出现轻微的卷边现象。罗纹织物的抗卷边性也优于平针织物。

1+1罗纹正、反面都呈正面线圈的外观。所有罗纹种类都具有凹凸竖条的肌理，俗称坑

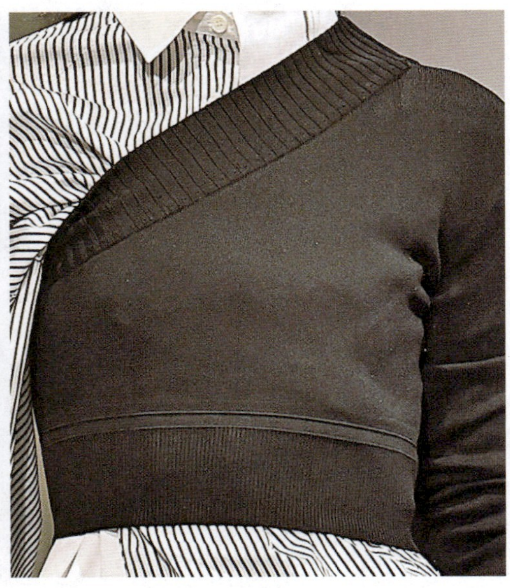

图2-29 Juun 2018春夏

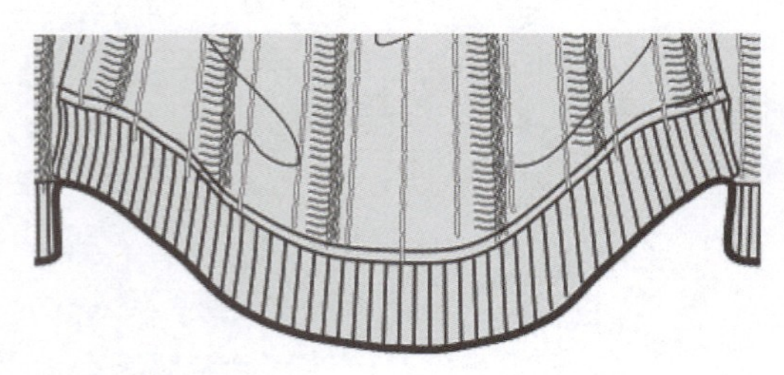
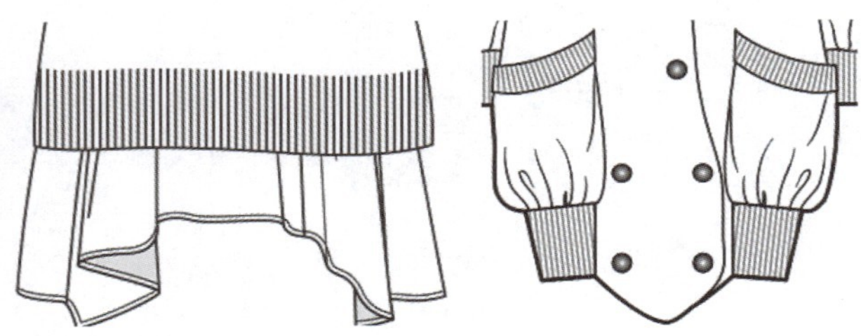

图2-30 罗纹下摆平面图

图2-31 Innotime，Sandra Backlund罗纹款式设计应用

图2-32　Diamondcutdiamond，Sandra Backlund罗纹款式设计应用

图2-33　Ibt，Sandra Backlund罗纹款式设计应用

图2-34　Blankpage，Sandra Backlund罗纹款式设计应用

条，特别是正面线圈纵行和反面线圈纵行配置数相差较大时，效果更明显，如图2-35所示。常见的罗纹变化组织有抽针罗纹，具有凹凸竖条或虚实相间的效果，自然状态下呈现褶裥外观，常用于针织百褶裙等款式，如图2-36～图2-38所示。

图2-35　罗纹坑条

图2-36　抽针罗纹

三、罗纹组织的服装设计

针织服装款式设计时可利用罗纹条纹进行方向的变化，形成几何视觉，如图2-39、图2-40所示。罗纹组织也可以变化纱线色彩，形成间色效果，如图2-41、图2-42所示。罗纹织物适合多种表面装饰处理，适合构成多种服装风格，如图4-43、图4-44所示。

图2-37 抽针罗纹

图2-38 Missoni 2018早春

图2-39 Les Copains 2016秋冬

图2-40 Roksanda Ilincic 2018早春

图2-41　Celine针织上衣

图2-42　Prada针织裙

图2-43　Todd Lynn　2015秋冬

图2-44　Balmain Homme　2017秋冬

第三节　双罗纹组织和双反面组织

纬编基本组织除了纬平针和罗纹之外，还有双罗纹组织和双反面组织。

一、双罗纹组织

双罗纹组织是由两个罗纹组织彼此复合叠加而成，也就是在一个罗纹组织的线圈纵行之间，配置另一个罗纹组织的线圈纵行，属于罗纹组织的一种变化组织，如图2-45所示。同罗纹组织一样，双罗纹组织也可以分为不同的类型，如1+1，2+2等，分别由相应的罗纹组织复合而成。通常由专门的双罗纹机编织。

织物的两面全部为正面线圈，故又称为双面布，即使在拉伸时，也不会显露出反面线圈纵行。双罗纹组织由两个拉伸的罗纹组织组合而成，延伸性和弹性比罗纹组织小，不会卷边。双罗纹只可逆编织方向脱散，当个别线圈断裂时，受另一个罗纹组织线圈的阻力，脱散性较小，不易发生线圈沿着纵行从断纱处分解脱散的梯脱情况。双罗纹组织手感柔软、厚实、保暖、尺寸稳定性好、布面匀整、纹路清晰，特别适合于制作棉毛衫裤，因此又被称为棉毛组织。

当采用不同的色纱、不同的方法上机时，可以编织出彩横条、彩纵条、彩色小方格等花色双罗纹织物，俗称花色棉毛布。如果抽针和色纱排列相结合还可以在织物上形成跳棋式方格等花纹。也可形成各种纵向凹凸条纹，俗称抽条棉毛布。棉毛布可用于缝制棉毛衫裤、运动服、外衣、背心、三角裤、睡衣等，如图2-46所示。

图2-45　双罗纹组织线圈结构图

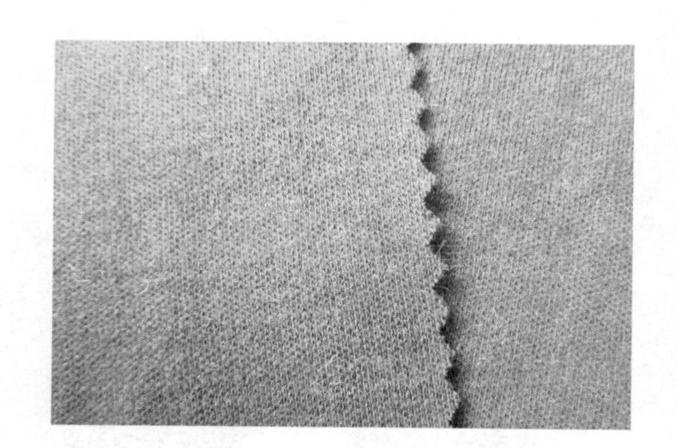

图2-46　棉毛布

随着面料科技的发展，近年来从传统的全棉、棉+毛、棉+涤纶、棉+腈纶的面料成分基础上，通过加入特殊纤维或在染整过程中的特殊助剂加工，使普通的棉毛布增强功能性。比如，保暖型、吸湿速干型、凉爽型等，适用领域更加扩大，甚至在太空航空领域也有良好表现。

二、双反面组织

双反面组织是双面纬编组织的一种基本组织，由正面线圈横列和反面线圈横列相互交替配置而成。①、③、⑤纱线编织正面线圈横列，②、④纱线编织反面线圈横列，如图2-47所示。连接正、反面线圈的是圈柱部分。双反面织物正反两面都呈现反面线圈的外观。双反面组织的种类很多，取决于正反面线圈横列数不同的配置，通常用数字代表，如1+1、2+2或5+3双反面等。数字分别表示连续的正面线圈横列数和反面线圈横列数。双反面织物纵向弹性和延伸度较大，具有纵横向延伸度相近的特点。顺和逆编织方向均可脱散，厚度增大，卷边性随正面线圈横列和反面线圈横列的组合不同而不同。双反面组织可形成凹凸效果，如图2-48所示。

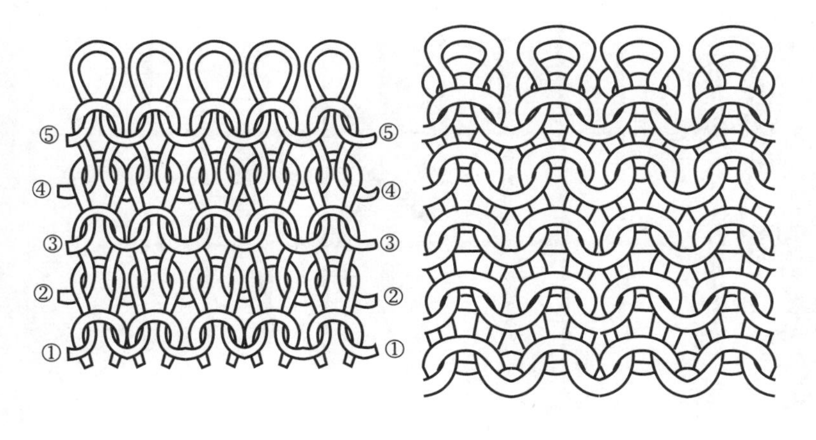

图2–47　双反面组织线圈结构图

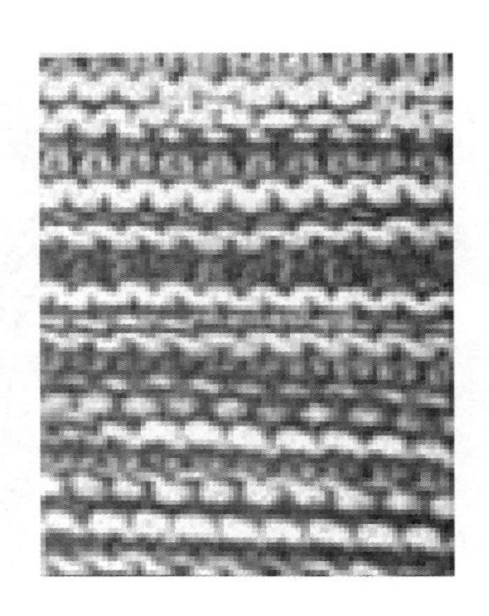

图2–48　双反面织物

第四节　移圈组织

移圈组织是在纬编基本组织的基础上，按照花纹要求将某些线圈进行移圈形成。由于移圈方式的不同，所产生的花纹效应也不同，一般有挑花和绞花两种。移圈时，线圈可向左移也可向右移，还可以相互移，形成孔眼效应、扭曲效应等。移圈组织的线圈结构除了在移圈处有所改变，一般和其基础组织并无差异，因此其性质和基础组织非常接近。

一、挑花组织

挑花组织也称纱罗组织，是在纬编基本组织的基础上，移圈处的线圈纵行中断，形成孔眼效应，如图2–49、图2–50所示。单面组织基础上进行移圈，孔眼效果明显，双面组织基础上移圈效果不明显，如图2–51、图2–52所示。移圈孔眼的形成有两种方式，一种是将线圈转移到相邻的织针上，被移走线圈的织针在下一个横列编织时形成孔眼，接收线圈的织针上有重叠线圈，这种移圈方式可称为单针移圈；另一种是将要形成孔眼的织针上的线圈连同它

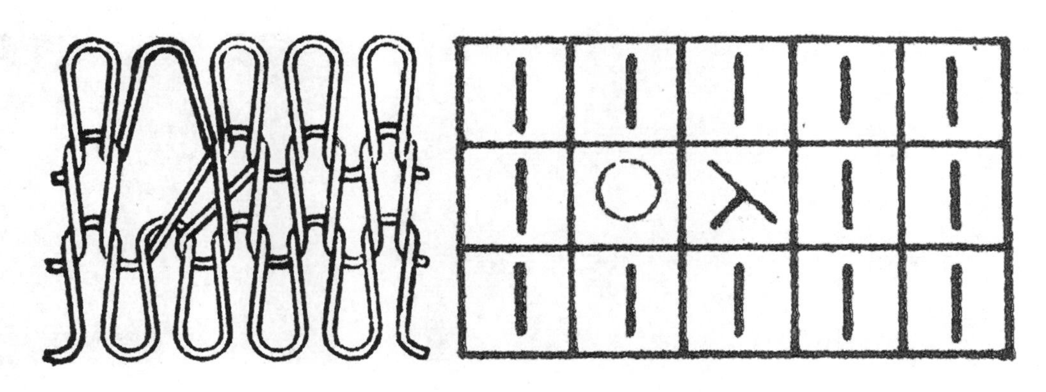

图2–49　向右挑花组织线圈结构图和意匠图

图2-50　向左挑花组织线圈结构图和意匠图

图2-51　单面纱罗

图2-52　双面纱罗

旁边的数枚织针上的线圈一起移动，这样形成孔眼的织针与重叠线圈的织针不相邻，且两者之间的线圈发生倾斜，其倾斜方向与移圈方向一致，这种移圈方式可称为多针同时移圈。挑花组织在针织服装上可以有规则形成图案，也可无规则形成镂空的肌理效果，如图2-53～图2-57所示。

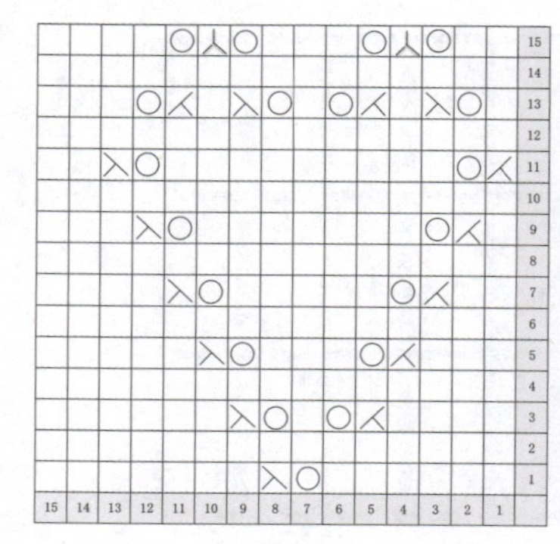

图2-53　挑花意匠图和实物

图2-54　挑花组织的波浪图案

图2-55 Timo Weiland 2016春夏

图2-56 Versace 2018早春

在平针组织基础上，选择性地进行移圈编织，呈现蕾丝外观效果。根据线圈移位的个数、方向、位置等形成不同形状的挑孔图案，如叶子或藤蔓等具象图案或随意图案，具有虚与实、疏与密的肌理效果。针织蕾丝面料采用细纱编织，由于需要移圈，生产速度较慢，典型代表是英国针织服装设计师Mark Fast，如图2-58、图2-59所示。

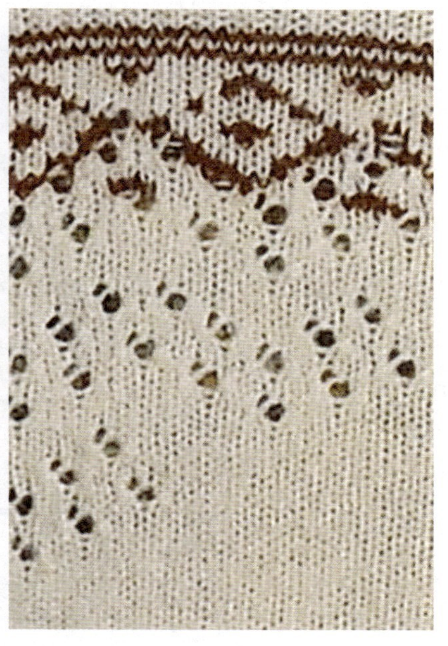

图2-57 Raf Simons 2016春夏

图2-58 蕾丝针织

图2-59 Mark Fast 2010春夏

二、绞花组织

绞花类移圈组织的织物也称为扭花、拧花、麻花等。相邻两只或多只线圈相互位移，移圈处的线圈纵行不中断，呈现扭曲效应，在织物表面形成麻花状的纵向花形。绞花织物的种类很多，有单面绞花织物和双面绞花织物等，也有1×1、2×2、3×3等线圈位移形式。经典的阿兰花和渔夫毛衫常用绞花组织，如图2-60～图2-65所示。

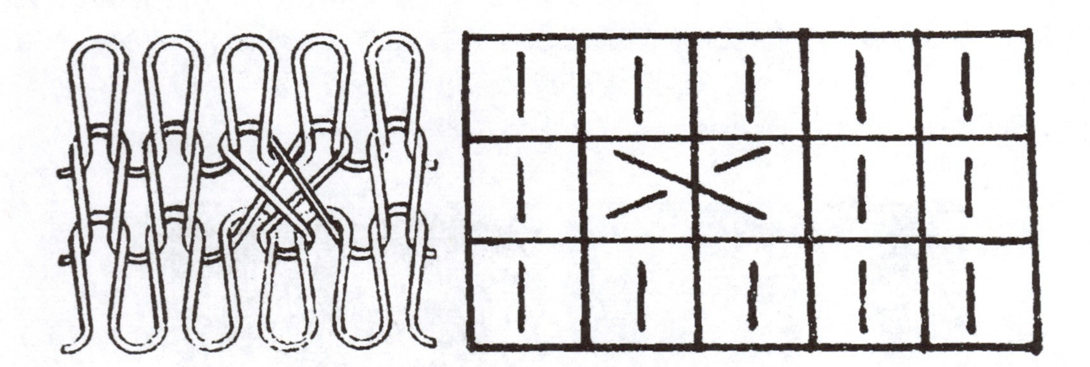

图2-60 1×1向左绞花组织线圈结构图和意匠图

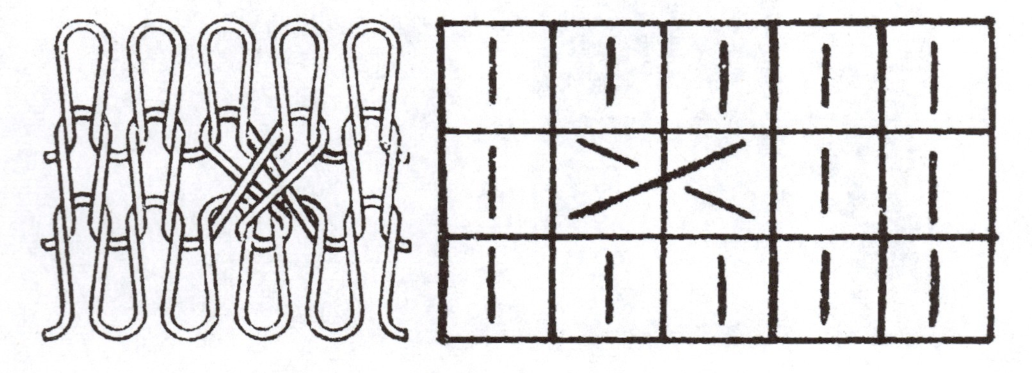

图2-61 1×1向右绞花组织线圈结构图和意匠图

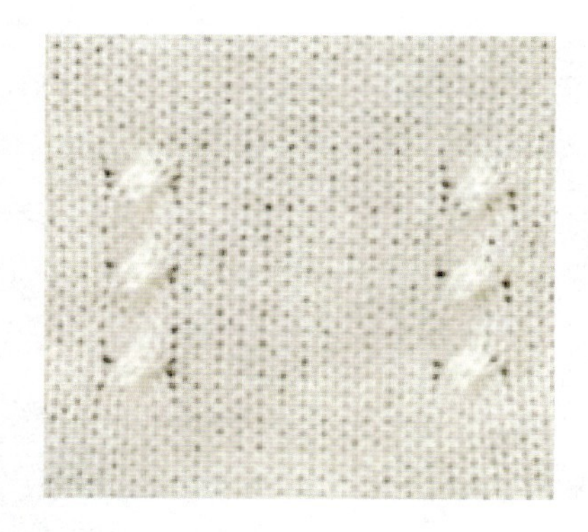

图2-62 平针地2×2绞花

图2-63 罗纹地2×2绞花

图2-64 单面绞花

图2-65 双面绞花

针织服装的绞花部分可运用不同色彩、表面装饰等进行强调。绞花除了在服装正面，还可以单独附加到其他部位，如图2-66～图2-75所示。

图2-66 绞花为主要元素的针织服装

图2-67 Irina Shaposhnikova
（安特卫普艺术学院2008届毕业作品）

图2-68　Etudes Studio　2015秋冬

图2-69　Greta Boldini　2018春夏

图2-70　Adeam　2016秋冬
（罗纹衣身，绞花装饰袖子肘部）

图2-71　Prabal Gurung　2016春夏
（挑花和绞花的综合运用）

图2-72 绞花撞色设计
（领口和前中绞花的荧光绿和衣身白色、腰包的荧光红对比强烈）

图2-73 Saint Laurent 2017秋冬
（亮钻在绞花织物上的应用）

图2-74 Kenzo 2017秋冬
（绞花织物的渐染效果）

图2-75 Cristiano Burani 2017秋冬
（不完美的绞花和流苏，轻颓废感）

第五节　提花组织

一、提花组织

提花组织是按照花纹要求，两个及以上颜色的纱线有选择地在某些针上编织成圈，在织物表面形成各种不同图案的一种花色组织。提花组织是实现毛针织服装花色图案的主要方法，费尔岛花纹是典型的提花组织形成的图案。提花组织织物横向延伸性小，脱散性较小，如图2-76～图2-78所示。

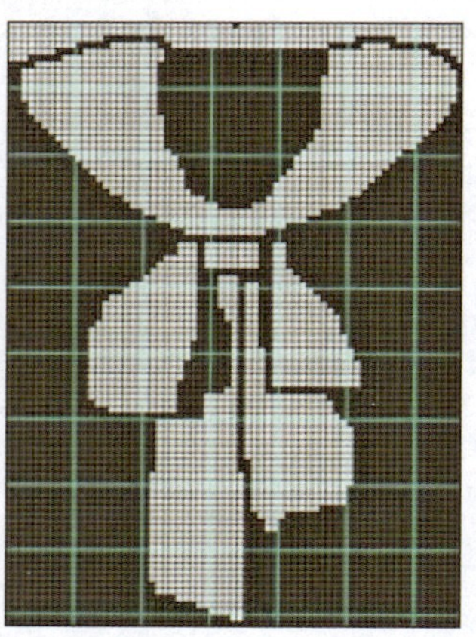

图2-76　1928年夏帕瑞丽作品

图2-77　Vivetta　2017秋冬

图2-78　Christian Dada　2015秋冬

提花组织分单面提花组织和双面提花组织。提花织物正面形成图案，单面提花织物背面为浮线，双面提花织物背面为线圈。复杂的提花图案往往是两种或多种技术的共同使用。

1．**单面提花组织**

单面织物图案在使用提花技术的时候，在不成圈的织针上，纱线以浮线的形式处于织针后面，每个线圈的后面都有至少一根未参加编织的浮线。织物背面浮线的长度不宜太长，尤其是在领口、袖口等穿脱频繁的位置，浮线太长容易勾丝，损坏衣物。单面提花组织只适合编织小型花纹，如图2–79～图2–81所示。

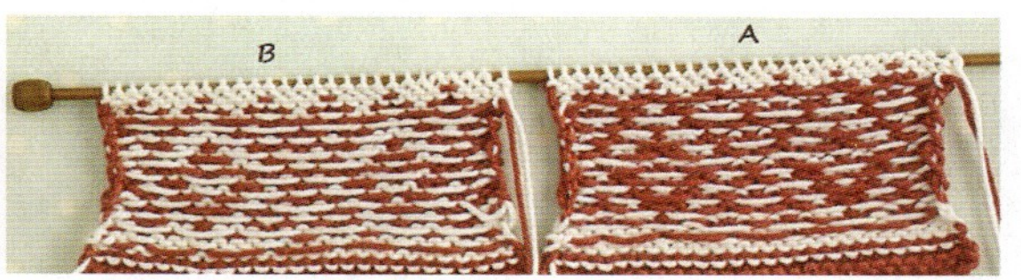

图2–79　提花组织正面图案和背面浮线

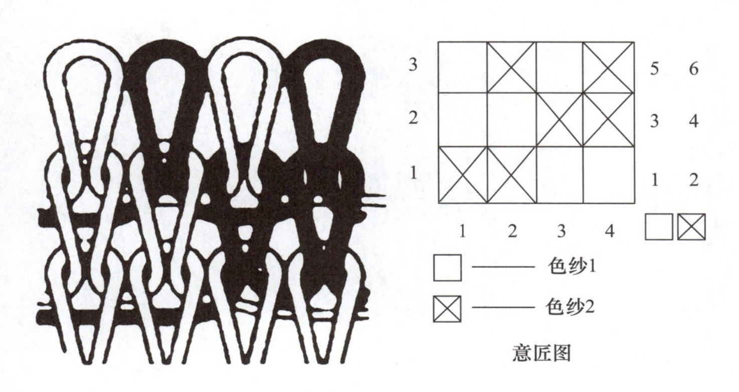

图2–80　双色均匀提花组织及意匠图

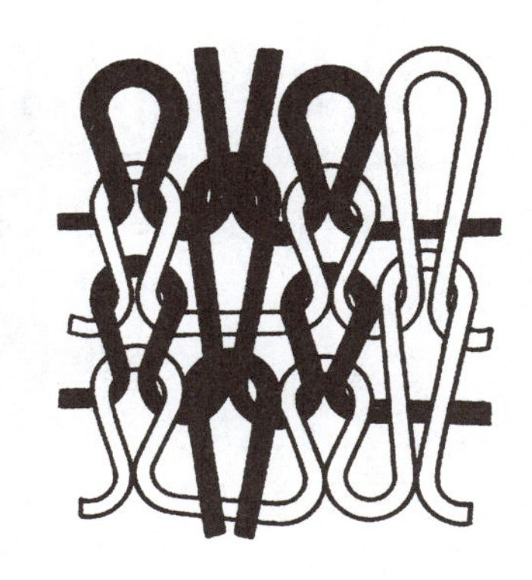

图2–81　双色不均匀提花组织

2．**双面提花组织**

双面织物是在双面组织的基础上进行提花，可在织物的一面或两面形成。如选用芝麻点效应，要考虑前面编织行数与背面编织行数是否一一对应。双面提花组织根据反面组织的不同可分为完全提花组织和不完全提花组织。两色完全提花组织正面由两根不同的色纱根据花纹需要配置形成一个线圈横列，反面一种色纱形成一个线圈横列，这种组织的反面有横条纹的效应。

两色不完全提花组织，正面中两根不同色纱根据花纹需要配置形成一个提花线圈横列，反面由两根色纱形成一个线圈横列。在双面提花组织中正反面的纵向密度是随提花色纱数的不同而异，呈一定的比例，不完全提花组织由于反面线圈跳棋式配置，具有较大的纵向和横向密度。正反面的纵向密度亦较均匀，织物重量和厚度都较大。由于反面色纱组织点分布均匀，透露在织物正面色彩效应比较均匀，无“露底”之感。生产中反面一般采用呈跳棋式配置的不完全提花组织。双面提花组织不存在太长的浮线，花型范围不受浮线的影响可以增大，如图2–82～图2–84所示。

二、嵌花组织

嵌花组织又称无虚线提花，和提花组织的区别是背面没有浮线或芝麻点，所以不但正面花型自然漂亮，背面也光洁平整。嵌花技术可编织简单或复杂的几何图案、字母、照片图案、抽象图案、大型图案等。与有浮线的提花组织相比，嵌花织物布面平整，用料少，单位重量轻，配色多。由嵌花技术结合横移、脱圈、变针距等技术形成的织物更加轻薄、花型层次更加鲜明。运用电脑横机的嵌花技术可以生产出立体感很强的嵌花织物，如图2–85～图2–87所示。

图2–82　提花组织背面芝麻点效应和正面图案

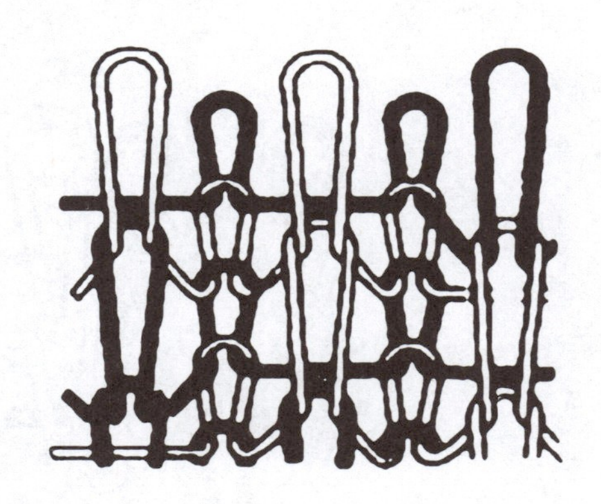

图2–83　两色完全提花组织

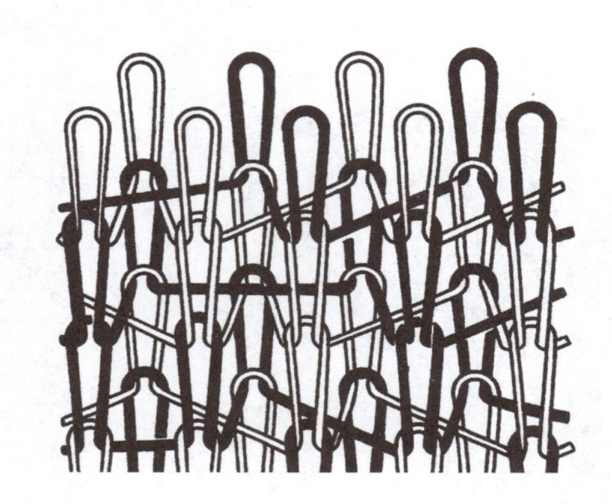

图2–84　两色不完全提花组织

编织有图案的衣片和无图案的衣片时，需分别编织两个小样来计算组织密度，因为不同的组织结构具有不同的密度，也需要根据密度进行调整，比如编织纬平针比提花的密度更小。嵌花组织可以用棒针或机器编织，棒针编织在一行内改变色纱时，需从第一种色纱后取得第二种色纱，防止纱线间出现缝隙；改变色纱后剪断并手工打结。电脑横机可快速准确地生产嵌花织物，如图2–88～图2–90所示。

图2–85　嵌花图案设计

三、提花组织图案设计

提花图案和嵌花图案不受针数和行数的限制，任意位置出现花纹，以及各种横、竖、弯、曲线条组成的形态都能实现。提花和嵌花的图案可以通过扫描、拍照和直接绘图等方式获取样本。

图2-86　Julien Fournie　2015高定

图2-87　Kenzo　2018春夏

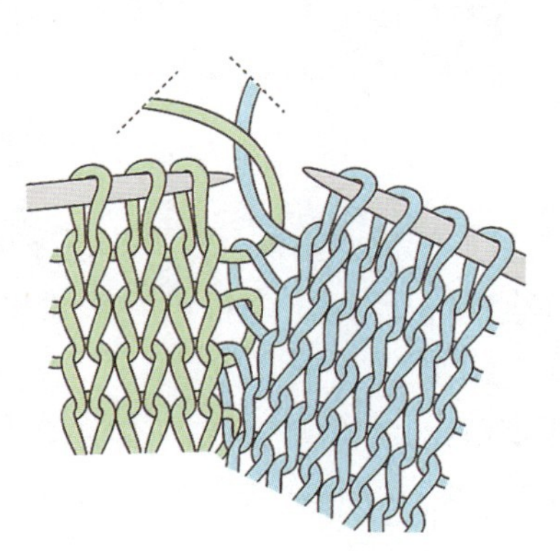

图2-88　手工编织嵌花组织示意

图2-89　手工编织嵌花

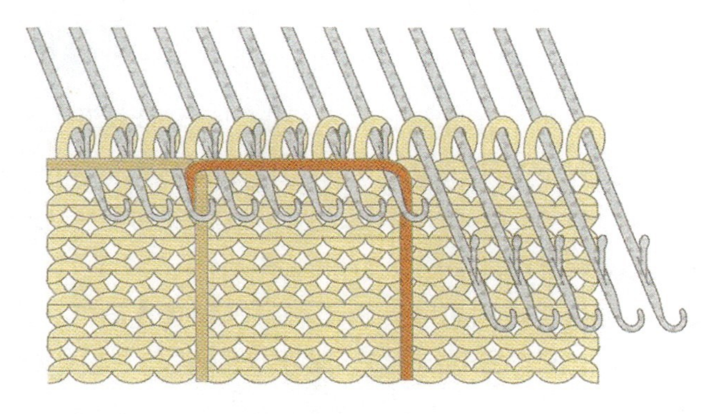

图2-90　机器编织嵌花组织

当设计提花图案时，勾画出设计图，并转移到意匠图，每个方格代表一针。提花图案意匠图是将图案设计创作的意图、构思和具体的可行性，通过图纸表格来展现。意匠图由纵、横线交织形成小方格，横向一个格表示衣片的一针，纵向一个格表示衣片的一行。意匠图方格并非正方形，否则编织完图案将被拉长，必须遵循准确比例设计。以15cm宽、20cm长的针织面料为例，其意匠图如图2-91所示。

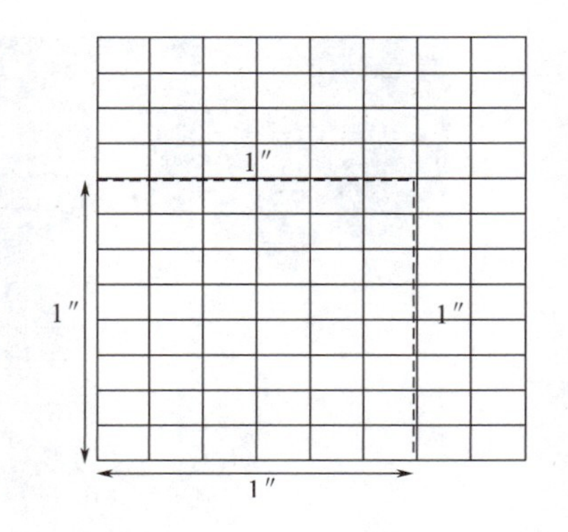

图2-91　意匠图比例设计
（6纵行/英寸[1]，8横列/英寸）

根据纹样结合织物组织将花形放大，并点绘在一定规格的格子意匠纸上。意匠图进行图案设计可分为四步操作，包括分色、描线、填色等，现在多使用针织设计软件实现，如图2-92所示。

图2-92　单针床提花及色彩意匠图

（1）按款式规格的尺寸计算衣片平面板型，包括领、挂肩的板型计算，标明针和行的数字。

（2）在已计算好的衣片板型意匠图中，先用铅笔把图案反面轮廓描绘在设想的位置，控制图案在毛衫中的位置、形态的大小与比例关系。

（3）着重调整图案在意匠图中的具体形态与细节刻画，图案要简洁，去掉琐碎的小结构。尽可能归纳为竖线、斜线，注意双色纱线连接时的距离，控制在较少的针数内，避免长浮线。

（4）利用色彩反差功能，把图案中相同色块涂成一种颜色，垫纱时不易选错纱线。

四、提花组织的服装设计

新型针织纱线花色层出不穷，在提花时应充分重视纱线的选用。对以色彩为主要表达方式的提花图案， 采用一般的纯色纱线，重点在于色彩选择与图案风格的相得益彰。有时也选择花式纱线和一般纱线混合参与编织，在图案表面形成特殊的花色效应。如用花式纱线编织的不规则的提花图案，花色效果别具一格，如图2-93所示。

在进行服装设计时，可利用逆向思维，将提花组织浮线背面作为服用正面，或将浮线剪断，具有波西米亚风格，形成既有色彩图案又有肌理效果的外观，如图2-94、图2-95所示。

[1] 1英寸=2.54cm。

图2-93 Vivienne Westwood 2015秋冬

图2-94 提花针织服装正面、背面

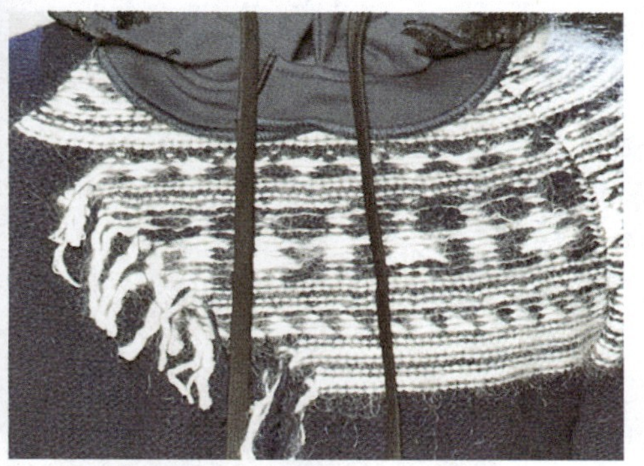

图2-95 No.21 2017秋冬

第六节 集圈组织

针织物某些线圈上，除套了一个封闭的旧线圈外，还有一个或几个未封闭的悬弧，这种组织结构称为集圈织物。集圈组织根据集圈方法分为胖花和畦编两种；根据地组织可分为单面和双面两种。集圈仅在一枚针上形成称单针集圈，在相邻两枚针上形成称为双针集圈，还有三针集圈和四针集圈等。根据线圈不脱圈的次数，又可分为单列集圈、双列集圈和三列集圈等，一次不脱圈称单列集圈，连续两次不脱圈称双列集圈等。连续不脱圈次数不能过多，否则纱线张力过大，引起断纱。旧线圈在一枚针上仅一次不脱圈的称为单针单列集圈。其他依此类推，如图2–96、图2–97所示。

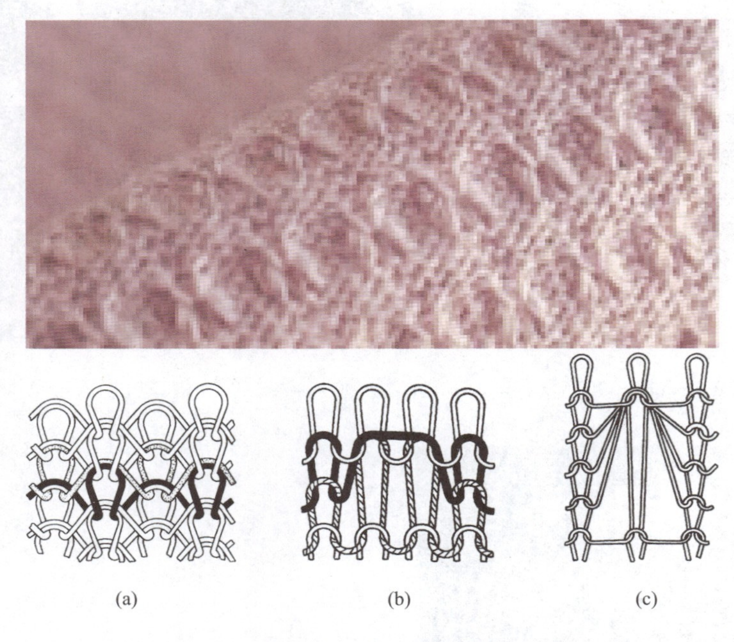

(a) (b) (c)

图2–96 集圈组织线圈结构图

图2–97 集圈组织正反面

一、单面集圈和双面集圈

单面集圈组织是在平针组织基础上集圈编织形成，将集圈线圈在织物中按一定的规律排列，可形成许多花纹效应，如皱类效应织物等。单面集圈组织具有色彩、花纹、凹凸、网眼和闪色等变化效应，不易脱散，但易勾丝，横向延伸性比较小，如图2–98所示。

双面集圈组织也称集圈罗纹，其织物俗称畦编织物、鱼鳞织物或元宝针，是在罗纹组织和双罗纹组织的基础上，结合罗纹的正面或反面，进行集圈编织，常用的有畦编和半畦编。畦编组织又称双鱼鳞或双元宝，是在双面组织中，正反面纵行交替集圈形成的。半畦编组织又称单鱼鳞或单元宝，由双面组织的正面线圈纵行编织成圈，反面线圈纵行成圈或集圈交替编织形成。织物图案肌理通过变换集圈和成圈行列获得，比普通罗纹更厚重、宽度更宽。双面集圈组织产生网眼和小方格，具有双层立体感，且透气性较好，如图2-99～图2-104所示。

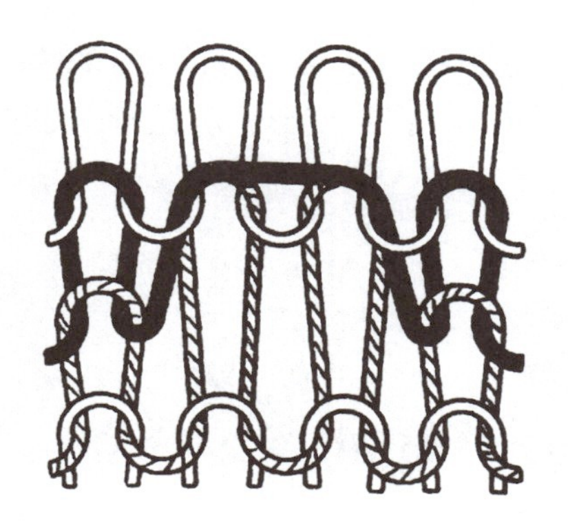

图2-98　单面集圈线圈结构图

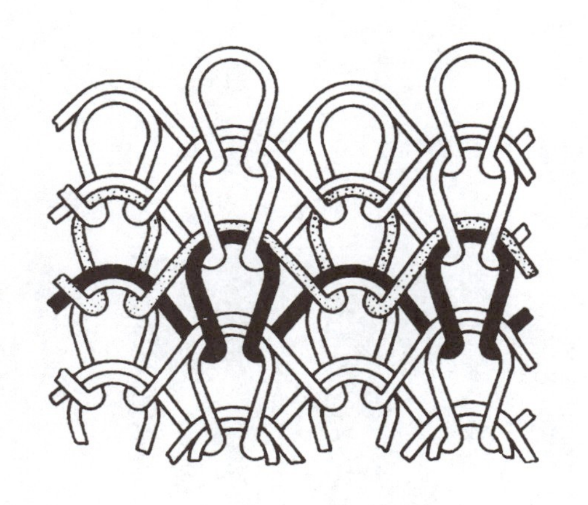

图2-99　畦编组织

图2-100　半畦编组织

图2-101　满针罗纹集圈

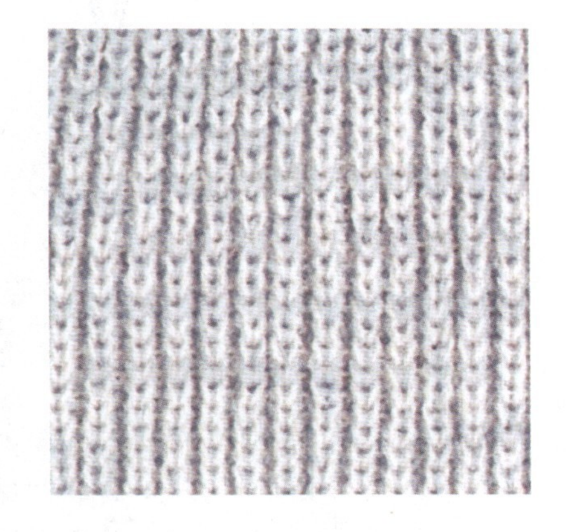

图2-102　满针罗纹半集圈

二、胖花组织

胖花组织花色变化繁多，有单面和双面之分，利用集圈排列和不同色彩的纱线，可使织物表面具有图案、闪色、孔眼和凹凸等花色效应。胖花织物的脱散性较小，织物丰厚蓬松。

这种组织结构可以掩盖毛纱条干的不均匀和轻度色花等纱线瑕疵，但是容易抽丝，弹性较差，横向易变形，胖花组织如图2-105～图2-110所示。

图2-103 1×1罗纹集圈

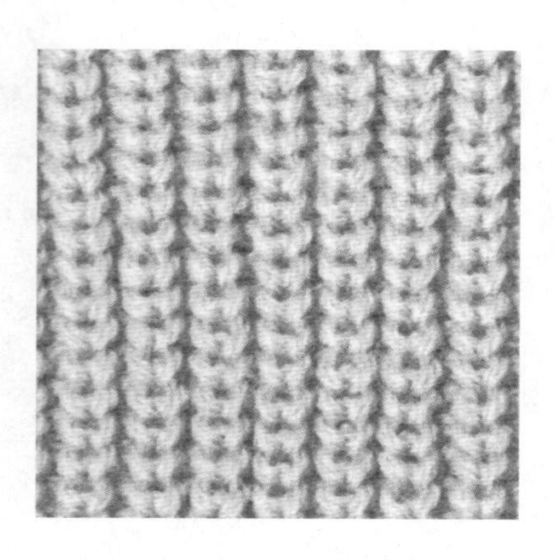

图2-104 1×1罗纹半集圈

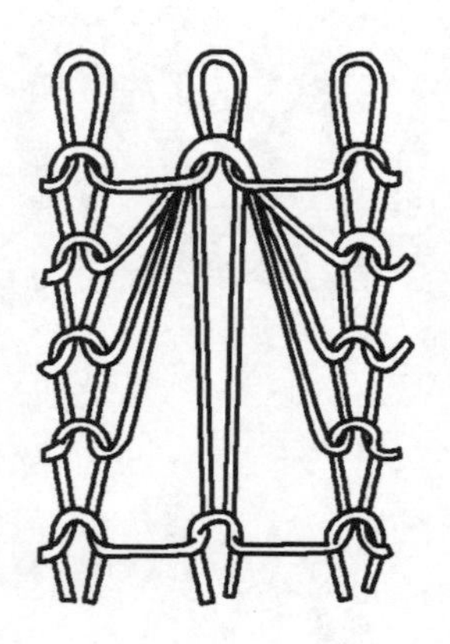

图2-105 单面胖花组织线圈结构图

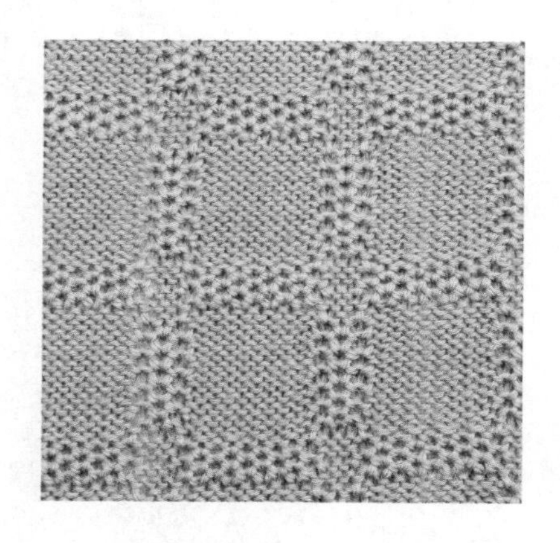

图2-106 集圈组织形成的方格图案

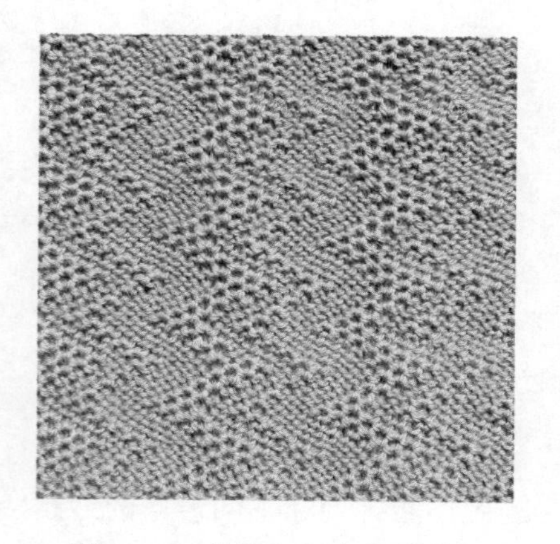

图2-107 集圈组织之字形图案

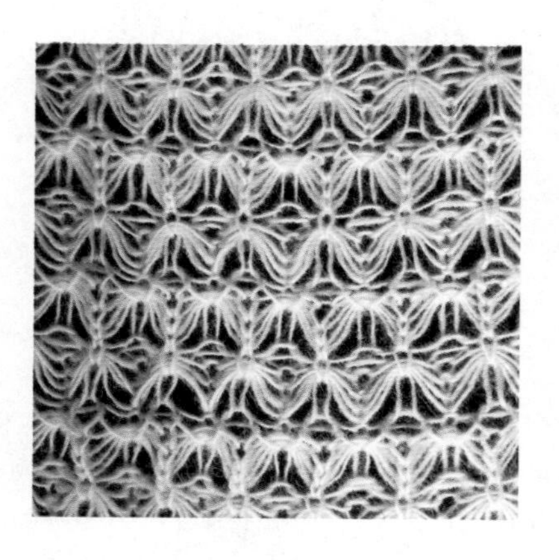

图2-108 集圈组织的蕾丝效果

图2-109　花色集圈组织

图2-110　集圈组织男式毛衫

第七节　其他组织结构

一、抽针组织

抽针组织是在编织时，抽去织针，形成纵向凹槽或梯漏外观。常用抽针组织有满针罗纹、畦编、胖花、波纹等，如图2-111、图2-112所示。

图2-111　两种抽针罗纹织物

二、波纹组织

凡由倾斜线圈形成波纹状的双面纬编组织都称为波纹组织。倾斜线圈是在横机按照波纹花纹要求移动针床形成。倾斜的线图可在织物的表面形成曲折、方格以及其他的花纹图案。波纹组织按基础组织分为罗纹波纹和集圈波纹两类，包括罗纹半空气层波纹/三平扳花、四平抽条波纹、半畦编波纹、畦编波纹和抽针波纹等，如图2-113、图2-114所示。

图2-112　Alexander McQueen　2018春夏

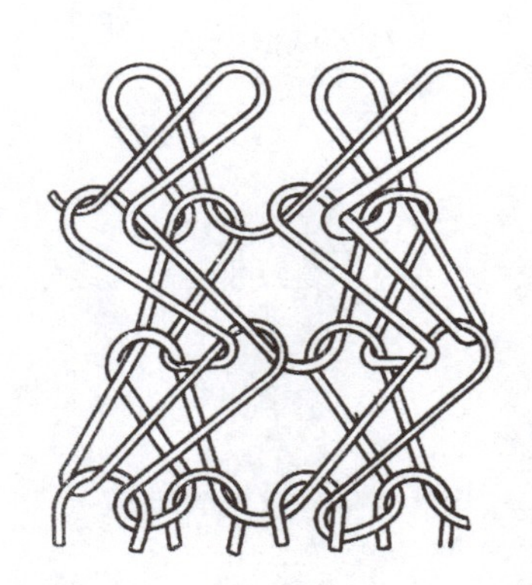

图2-113　波纹线圈组织结构图

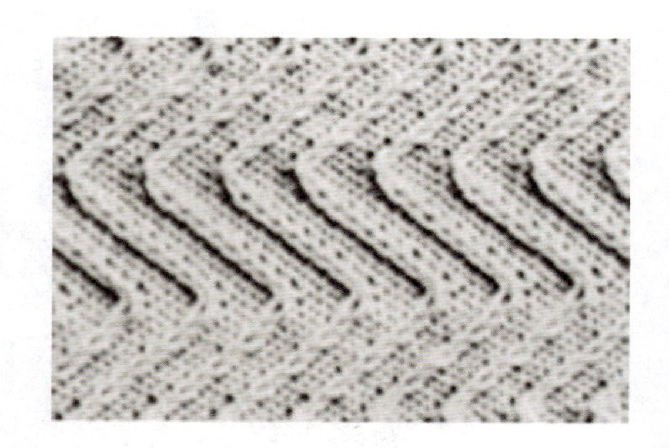

图2-114　波纹组织织物

三、衬垫组织和衬经衬纬组织

衬垫组织是以一根或几根衬垫纱线按一定比例在织物的某些线圈上形成不封闭的圈弧，在其余的线圈上呈浮线停留在织物的反面。如图2-115所示为以平针组织为地组织的衬垫组织，其中①为地纱，编织成平针组织，作为地组织；②为衬垫纱，在地组织上按一定的比例编织成不封闭的圆弧从而形成衬垫组织。衬垫纱线与地纱交叉处，衬垫纱线a、b显露在织物的正面。衬垫组织可以在任何组织基础上获得，用于绒布，经拉毛整理，使衬垫纱线成为短绒状，附在织物表面，也可以用花式纱线做衬垫，增强外观装饰效应，如图2-116所示。

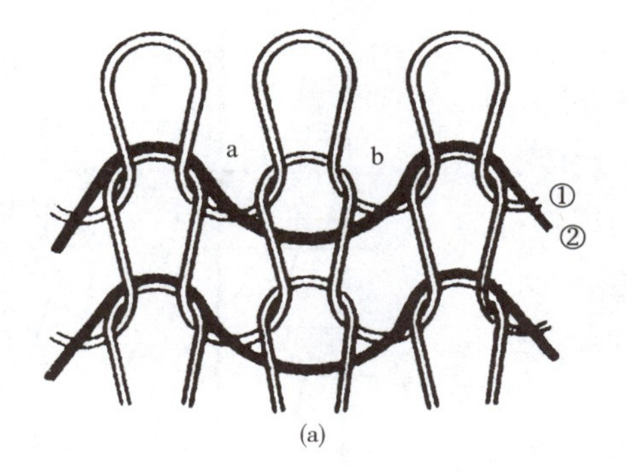

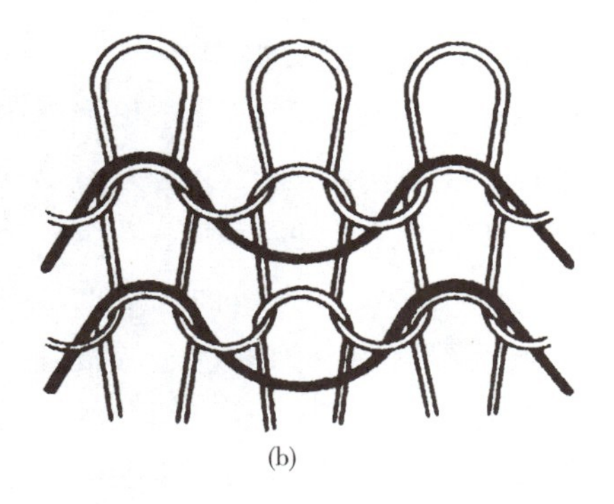

图2-115　衬垫组织线圈结构图

图2-116　花式纱线衬垫组织织物

由于衬垫纱线比较粗，正面显露部分影响织物的外观。因此目前生产的衬垫组织，地组织大都不是平针组织，而是添纱组织。添纱组织的线圈是由两根或以上、连续排列的纱线形成。在添纱组织内垫入衬垫纱线，称为添纱衬垫组织。如图2-117所示，面子纱①与地纱②形成平针添纱组织，面子纱①显露在织物正面，地纱②显露在织物反面。衬垫纱③有规律的夹在面子纱①与地纱②之间，显露在织物反面。衬垫组织中衬垫纱线垫放的比例根据需要来进行确定。衬垫组织主要用于绒布生产，制成绒衣衫裤。

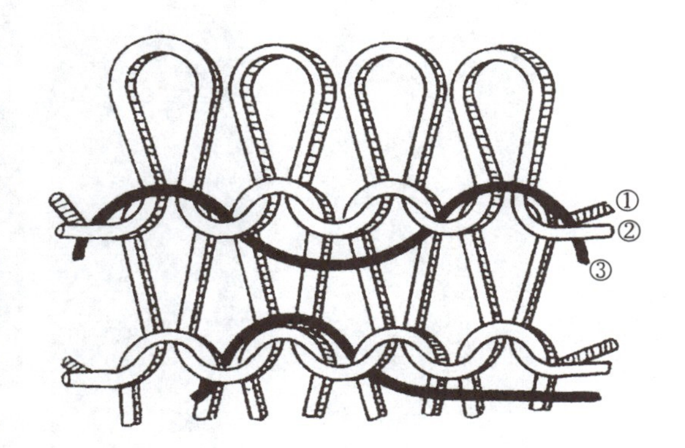

图2-117　添纱衬垫组织线圈结构图

衬经衬纬组织是在纬编基本组织衬入不参加成圈的纬纱和经纱形成。单面纬平针衬经衬纬组织，由3组纱线组成，如图2-118所示。这种组织的针织物延伸性较小，具有机织物的特点。由于手感比较柔软，穿着比较舒适，透气性好。

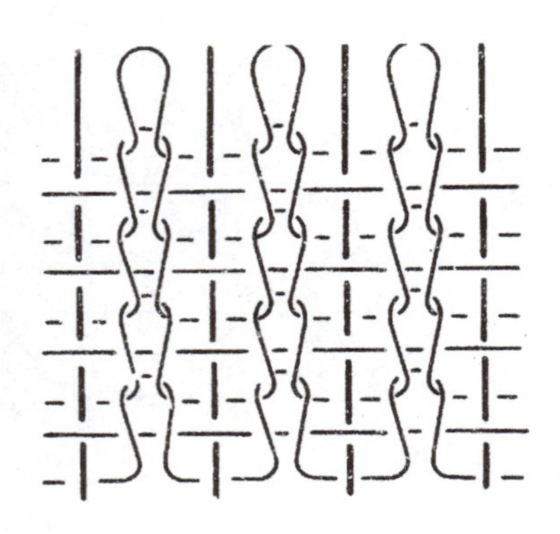

图2–118　纬平针衬经衬纬组织

四、毛圈组织和长毛绒组织

毛圈组织由平针线圈和带有拉长沉降弧的毛圈线圈组合而成。如图2–119所示为中纱线①形成地组织线圈，纱线②形成带有毛圈③的线圈。由毛圈组织形成的织物称为毛圈织物。毛圈织物可分为单面、双面以及普通、花色毛圈组织。花色毛圈组织分为多色全幅提花毛圈和局部提花毛圈，前者毛圈花型主要由不同颜色纱线形成图案，后者除色彩图案外，毛圈仅在一部分线圈中形成，织物的凹凸感强。毛圈组织保暖性好，花型别致，手感丰满，柔软厚实，广泛用于毛圈袜、毛巾衫和毛巾产品，也可剪绒形成天鹅绒织物，如图2–120、图2–121所示。

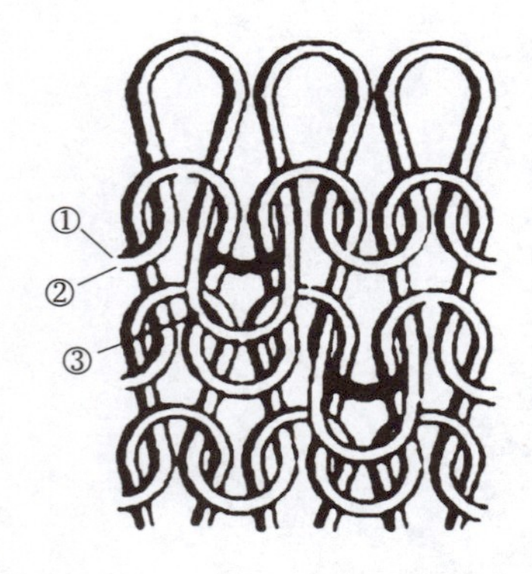

图2–119　毛圈组织线圈结构图

图2–120　棒针编织毛圈织物

图2–121　Thom Browne　2017秋冬

长毛绒组织在编织过程中用纤维条同地纱一起放入而编织成圈，同时纤维条以绒毛状附在针织物表面的组织。一般在纬平针组织的基础上形成的，纤维一部分同地纱②编织成圈，其头端突出针织物的表面形成绒毛状，图2-122中①为面纱，②为地纱。长毛绒组织可以利用各种不同性质的合成纤维进行编织，其外观同天然毛皮相似，因而习惯上称为人造毛皮，如图2-122～图2-124所示。

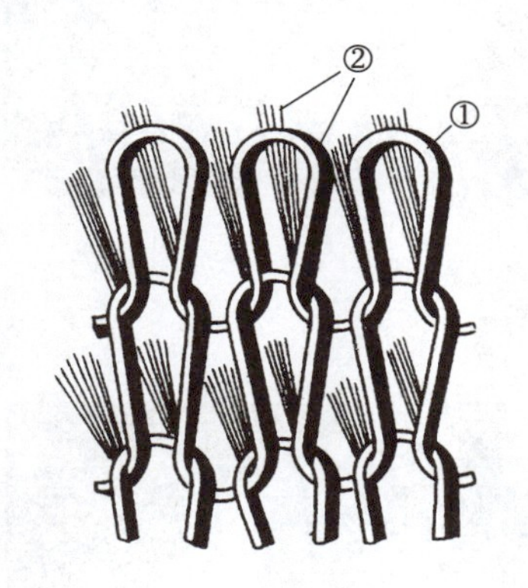

图2-122　长毛绒组织线圈结构图

图2-123　普通长毛绒织物背面和正面

图2-124　Dolce & Gabbana　2017秋冬

五、复合类组织

复合组织由两种或以上的纬编组织复合而成，分为罗纹式复合组织和双罗纹式复合组织。罗纹式复合组织包括罗纹空气层（四平空转）、罗纹半空气层（三平）、变化罗纹半空气层组织（点纹组织）、全畦编空气层组织等。瑞士点纹组织由不完全罗纹组织与平针组织复合而成，脱散性小，织物紧密，尺寸稳定，表面平整。法式点纹组织由不完全罗纹组织与平针组织复合而成，点纹凸出，表面丰满，如图2-125～图127所示。

图2-125　罗纹半空气层（三平）织物

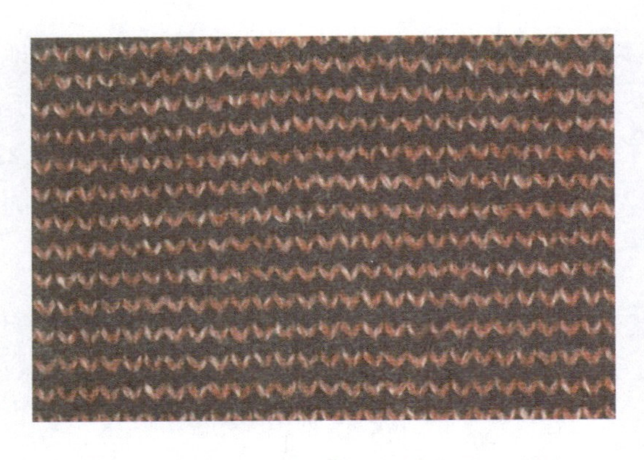

图2-126　罗纹空气层（四平空转）织物

六、针织服装的组织结构设计

针织组织结构千变万化，不同的组织结构可以形成各种肌理，不同的组织不同的组合形成不同的外观，这是针织服装和机织服装最大的不同之处，为服装设计提供了极大的空间。织物组织结构和针织服装整体风格相结合是设计基本点。根据款式造型的需要，进行组织结构的设计，可以单独运用，也可以两个或以上的组织结构混合搭配，创造出丰富的视觉效果，如图2-128～图2-133所示。

图2-127　四平空转组织毛衣

图2-128　OAMC　2018春夏

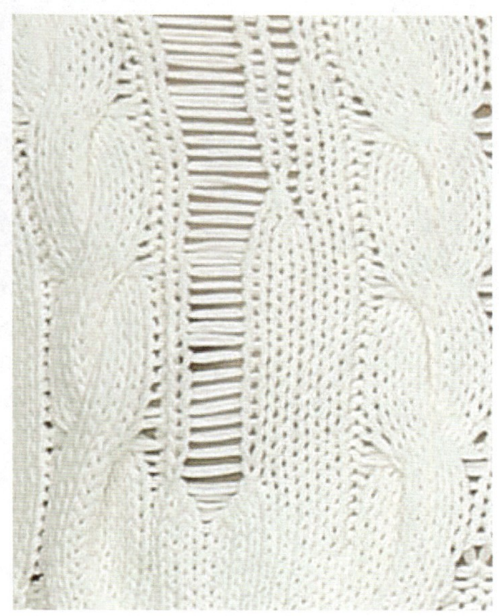

图2-129　Max Mara　2017早秋

图2-130　Agnona　2018早春

图2-131　Isola Marras　2018春夏

图2-132　Prabal Gurung　2017秋冬

图2-133　Sacai　2018春夏

七、各类组织结构的针织物

各类组织结构针织物如下图2-134～图2-155所示。

图2-134　纬平针正面

图2-135　纬平针反面

图2-136　满针罗纹

图2-137　1×1罗纹

图2-138　2×1罗纹

图2-139　2×2罗纹

图2-140　4×4罗纹

图2-141　双罗纹/棉毛

图2-142　罗纹空气层/四平空转

图2-143半罗纹空气层/三平

图2-144　半畦编

图2-145　畦编/双鱼鳞

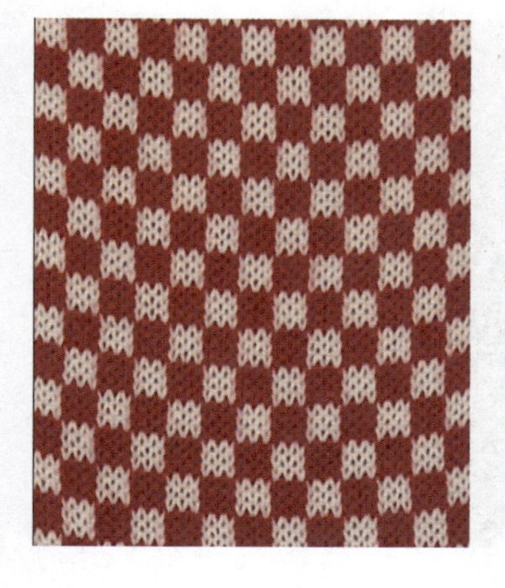

图2-146 双色浮线提花

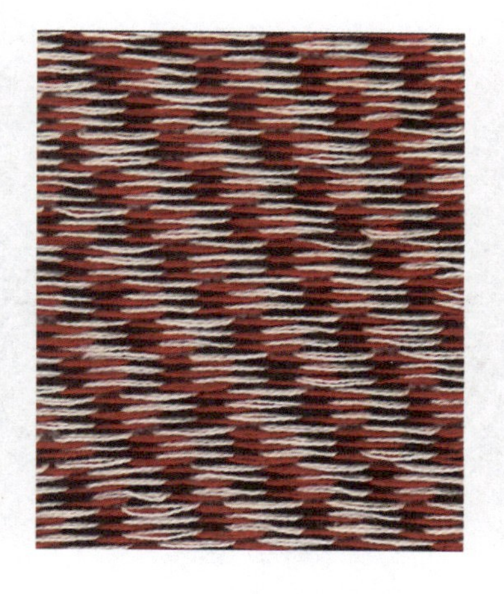

图2-147 三色浮线提花

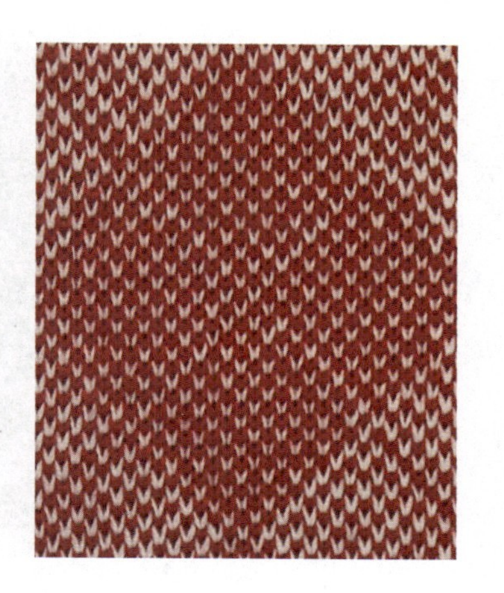

图2-148 双色芝麻点提花

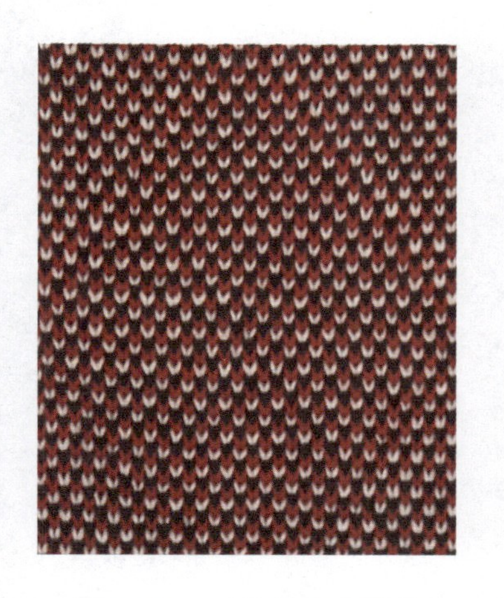

图2-149 三色芝麻点提花

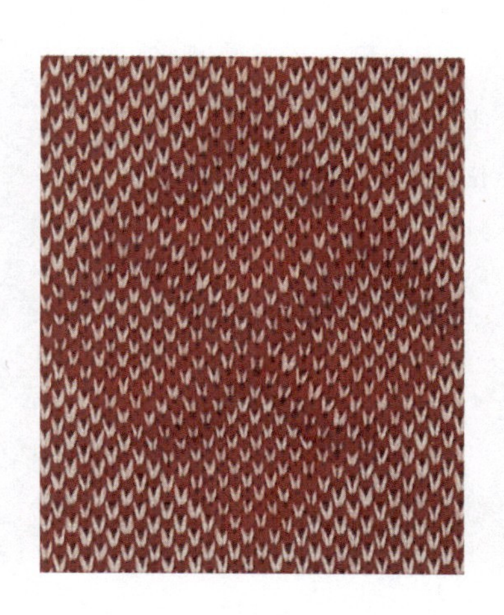

图2-150 双色芝麻点浮雕提花

图2-151 三色芝麻点浮雕提花

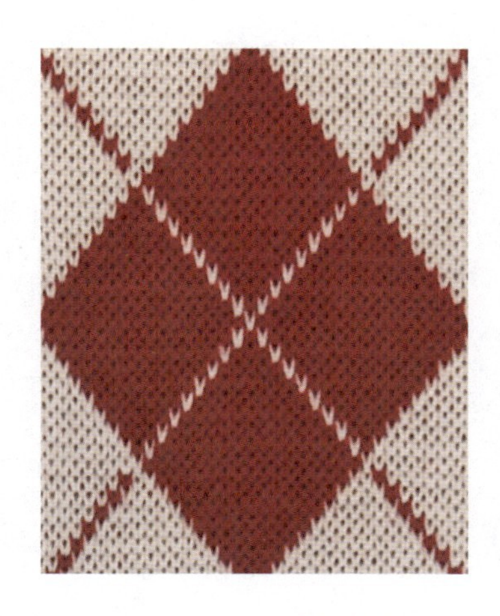

图2-152 双色条纹提花

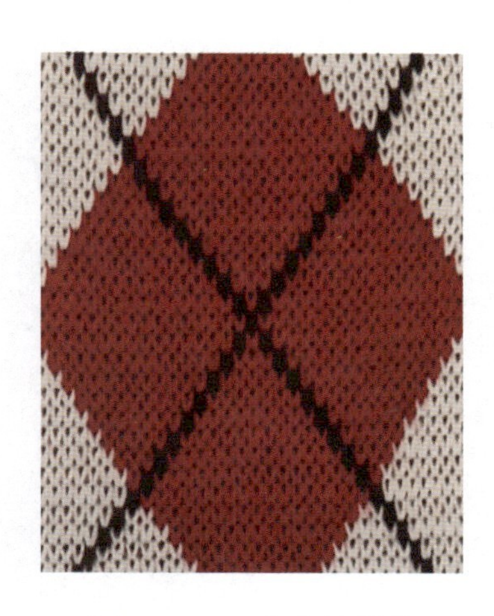

图2-153 三色条纹提花

图2-154　双色条纹浮雕提花

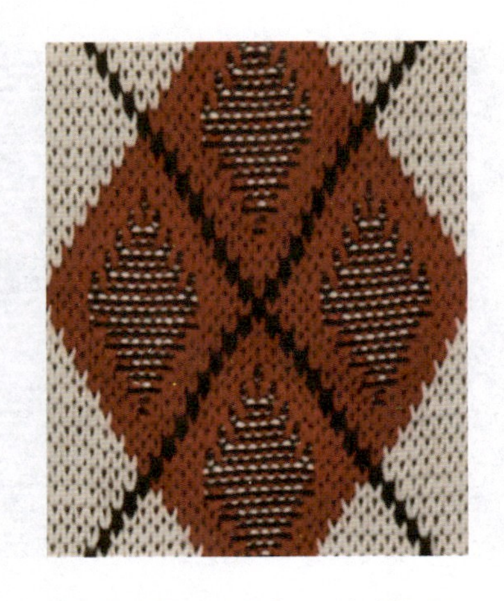

图2-155　三色条纹浮雕提花

练习与实践

1. 请分别利用本章每一个组织结构设计一系列针织服装。
2. 请综合运用各类组织结构进行系列服装设计。

理论与实践——

针织服装材质及肌理

课题名称： 针织服装材质及肌理

课题内容： 1. 纱线

2. 针织服装线材设计

3. 针织服装肌理设计

4. 针织小样

课题时间： 8课时

教学目的： 从设计角度掌握针织材质和肌理，验证其和针织物以及服装设计之间的关系，为后续设计章节打下基础。

教学方法： 1. 理论和实践教学相结合，分析针织服装产品材质和肌理。

2. 进行材质再造。

教学要求： 掌握各种纱线的外观和性能，了解各类线性材料，熟练进行材质肌理设计，掌握针织小样的制作。

第三章　针织服装材质及肌理

第一节　纱线

纱线是针织服装设计中的重点之一。纱线根据原料不同可以划分为纯毛纱线、纯棉纱线、化学纤维纱线以及混纺纱线等；根据其形态的不同可以划分为普通纱线、膨体纱线和花式纱线；根据纺纱工艺不同可以分为精纺纱和粗纺纱两大类。不同的纱线对针织服装风格有着不同的影响。根据纱线的变化，可以呈现出不同的设计风格。不同原料可以使织物呈现出不同的外观及性能，带来不同的手感、弹性、保暖性、色泽等。纱线在市场出售时的包装形式主要有球状、绞状等，如图3-1、图3-2和表3-1所示。

图3-1　纱线包装形式

图3-2　棒针花式毛线

表3-1　针织原料按纤维分类

天然纤维	植物纤维	纤维素纤维	棉、麻
	动物纤维	毛纤维	羊毛、羊绒、牦牛绒、骆驼绒、兔毛等
		丝纤维	桑蚕丝、柞蚕丝
化学纤维	再生纤维素纤维	黏胶纤维	竹纤维、大豆纤维、牛奶纤维
	合成纤维	涤纶、锦纶、腈纶、氨纶	

一、天然纤维纱线

（一）动物毛纱

毛纤维自然卷曲，蓬松而富有弹性，比棉轻，保暖性好。尺寸稳定不易变形，耐穿耐用。利用羊毛的缩绒性，可生产具有起毛缩绒的针织物或毛毡等。羊绒、驼绒等高档次的毛线其表面绒短且密实，手感比较柔软，有天然色泽。

1. 羊毛纱线

羊毛是最常用针织的纱线种类，具有天然弹性，易于编织。羊毛纤维比棉纤维粗长、有卷曲，表面有一层鳞片覆盖，由于鳞片的存在，给羊毛带来一个特殊的性质，即缩绒性，引起毛制品洗后收缩、密度变大，毛容易被虫蛀，经常摩擦会起球。羊毛纱线通常是指绵羊毛纱线，具有良好的弹性及可塑性，织物呈现平整、挺括、针路清晰等效果。

羊毛纱线的粗细取决于纺纱的方式。质量取决于羊的种类，美利奴羊毛比其他羊毛更细。设得兰（雪特莱）羊毛较短，枪毛从纱线突出，会有扎刺感，织物丰厚蓬松、自然粗犷。马海毛来自安哥拉山羊，表面绒更长，通常带有特殊的波浪弯度，织物表面有独特的毛茸，色泽鲜亮，弹性好，不易起球，当和羊毛或丝混纺时，表面变得精细，具有奢侈的特质。羊仔毛是小羊羔的毛，俗称“短毛”，缩绒性好，柔软，成本低。开司米，即羊绒，俗称“软黄金”，一般纺成粗纺毛纱，手感柔软温暖，保暖性好、光泽好、轻盈，但弹性不如羊毛，成衫后不宜长时间悬挂。如图3-3所示的羊毛外套由Huwaida Ahmed设计，长而卷曲的螺旋形状是蒙古羊毛的特征。如图3-4所示为Giada 2016年秋冬款连衣裙。

图3-3　超大蒙古羊毛外套

2. 其他动物毛纱

除了羊毛之外，动物毛中常用的还有兔毛、驼绒、牦牛绒等。兔毛纤维细度较小，具有表面光滑而无卷曲度、颜色洁白、富有光泽的特点，通常和羊毛混合以增加强度，织物表面的毛耸起，外观蓬松、质地柔软、保暖性好，如图3-5所示。

驼绒是双峰骆驼脱毛时的绒毛，表面平滑柔软，不宜纯纺，多与羊毛混纺。不易起毛和毡缩。色谱不广，

图3-4 马海毛连衣裙

图3-5 兔毛开襟毛衫

只限于深色谱，如图3-6所示。

牦牛绒产量很少，是我国的特色纤维之一，性能和羊毛相似，如图3-7所示。

图3-6 手工纺骆驼毛纱线

图3-7 牦牛

（二）丝

蚕丝面料是唯一天然长丝，强度大、细长、柔软平滑、光泽独特。与羊毛一样属于蛋白质纤维，耐光性很差，不适合长时间晒在日光下。丝是高档针织服装原材料，具有光泽感，凉爽顺滑，如图3-8所示。

（三）棉

来自棉花植物的短纤维，质地柔软，吸湿性、染色性好，耐碱性强，耐热、耐洗，价格便宜。柔软处理后强度较大、弹性差。经过丝光处理的棉易于编织。使用棉线织成的针织衫吸汗性强，但保暖性不及羊绒、羊毛，缺乏弹性且不挺括，容易起皱、褪色，色牢度不高，洗后易缩水走形，酸性物质极易腐蚀。棉质两件套针织服装和麻质休闲裤的经典组合，如图3-9所示。

图3-8　Celine

图3-9　Daniela Gregis　2017春夏

二、化学纤维纱线

化纤纱线纤维断裂强度比毛纤维高，不易蛀虫，保形性不强，面料较轻，容易起球以及产生静电感应。动物毛与化纤混纺纱线外观具有毛感，增强性能以及减少成本，因为吸色能力不同，故染色效果不够理想。针织服装常用的化纤纱线为腈纶、涤纶、锦纶和黏胶，染色性能好是化纤特性之一，如图3-10所示。

图3-10　MSGM　2018春夏

1. 腈纶

腈纶质轻、染色性好、色泽鲜艳、蓬松感强，类似羊毛，故有“人造羊毛”之称。弹性比羊毛、涤纶、锦纶都差，但优于天然纤维和人造纤维，强度比羊毛高，耐磨性比涤纶、锦纶低，吸湿性较差。可纯纺，也可与涤纶、黏胶、棉、羊毛等纤维混纺。

2. 涤纶

涤纶坚牢、耐用、保形性好、挺括、免烫、易洗快干。由于吸湿性能差，静电现象显著，所以易沾污，易起毛起球、易钩丝，染色性差。

3. 锦纶

锦纶弹性好、穿着耐久、强度、耐磨性及耐疲劳性能方面超过涤纶，弹性与涤纶差不多，耐热性不如涤纶，耐光性不好、易变形。耐磨性比天然纤维及其他化学纤维都好。在其他纤维中加入少量的锦纶混纺，可显著提高织物的耐磨性。锦纶变形较大，即使经过热定形，洗涤后仍有变形；挺括、抗皱性不如涤纶。针织工业用的锦纶多是将长丝加工成弹力丝，编织弹力袜和弹力衫等。

4. 黏胶纤维

黏胶纤维也称人造棉、人造丝。吸湿性好，易染色，手感柔软、穿着舒适。可纯纺或与棉混纺。最大缺点是湿强力差，只有干强力的50%左右，缩水变形大。

三、花式纱线

花式纱线形态各异，能使针织服装风格丰富多样，花式纱线的创新可以丰富服装外观。花式纱线是不同颜色的单纱经花式捻线机合服形成的纱线，有圈圈纱、冰岛毛纱、雪尼尔纱线、睫毛纱、亮片花式线、结子纱、蕾丝纱线、金属色纱线、混色纱线、马海毛纱线、大肚纱、段染纱线、段染绉纱、带子纱、双线捻纱、其他花式纱线等，如图3-11～图3-30所示。

图3-11　圈圈纱

图3-12　冰岛毛纱

图3-13　雪尼尔纱线

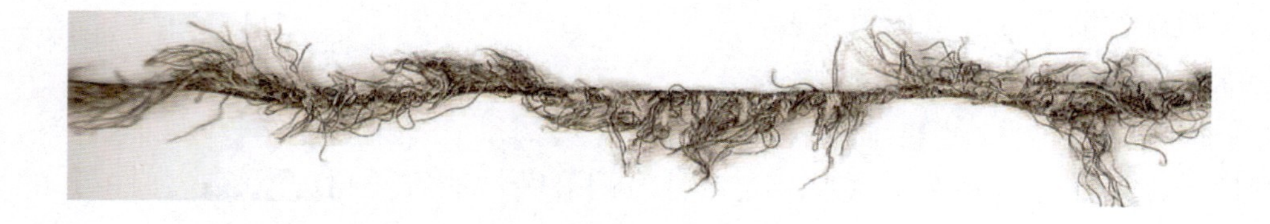

图3-14　睫毛纱

图3-15　亮片花式线

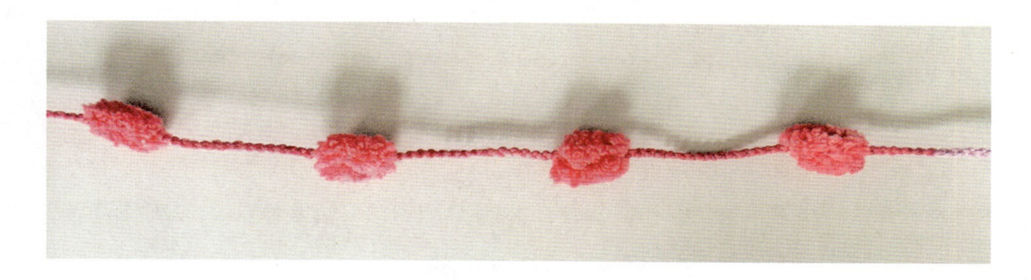

图3-16　结子纱

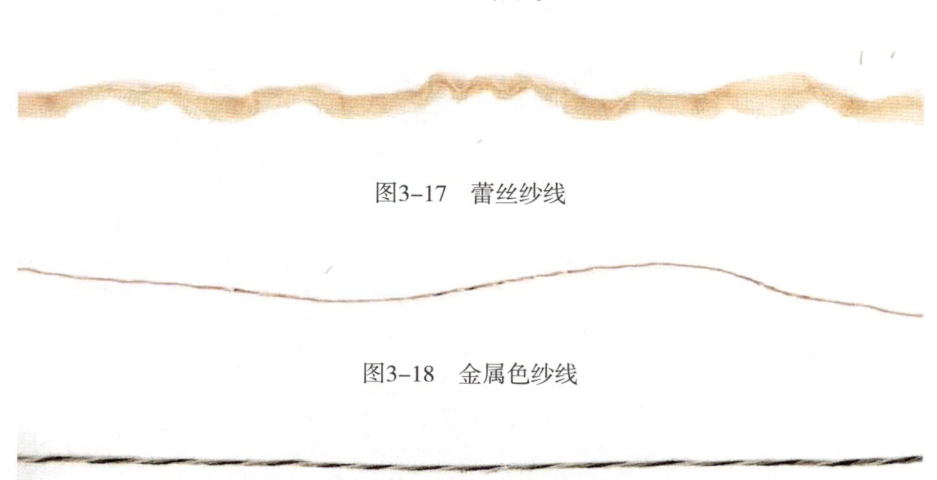

图3-17　蕾丝纱线

图3-18　金属色纱线

图3-19　混色纱线

图3-20　马海毛

图3-21 大肚纱

图3-22 段染纱线

图3-23 段染绉纱

图3-24 带子纱

图3-25 双线捻纱

图3-26 其他花式纱线

图3-27 亮片花式线平针织物

图3-28 Boris Bidjan Saberi 2018春夏，冰岛毛纱

图3-29 Miharayasuhiro 2015秋冬，雪尼尔纱线

图3-30 Oday Shakar 2017秋冬，金属纱线

自捻纱，由于花线和捻度不匀而显示非规则的花纹，可获得特殊的织物风格。包芯纱，化纤长丝的强力高，保形性好，尺寸稳定性好，弹性好，外观华丽，手感好。细竹节纱，竹节间距不等，呈自然分布，纱线粗细不匀的波动大，与其他色纱交织，用来编织粗针型羊毛

衫，质地松软，具有特殊的立体感。拆编纱，用来编织起皱针织物，使织物具有起皱、凹凸不平的特殊风格。结子纱是由相同或不相同的颜色、大小、形状和间距的结子作为点缀而形成的，其外观呈现隔粒状；根据分布规律可以分为等间距和不等间距结子纱，还可以根据颜色花纹分为单色结子、双色结子。

环圈纱是由芯纱、饰纱、固结纱组合成的最柔软的纱线，有毛巾线、花圈线、波浪线、辫子线等。毛巾线是连续、丰满、匀散分布的纱圈，其四周出现连续、饱满、稀疏匀散的大圈环，整体具有明显透孔；波浪线在四周出现波浪形的曲波；辫子线是通过捻向相同的两根交替送出而产生扭曲；螺旋线通过间距的不等进行设计，使外观呈现间隔一段段刺毛虫状；断丝线有两种，即人造丝断丝线和断丝复合线；复合花线采用不同类型的花式线复合而成。

色纱通常包括普通色纱、合股花线、混色合股花线等。单色纱和混色纱称为普通色纱，在纱线中所有纤维的颜色均相同并且用单色纱作为经纬纱织成单色毛织物；混色纱则将毛条染成不同的颜色，再用不同颜色的毛条混合纺纱从而起到混合效应。合股花线是用两根或以上不同颜色的单纱合股形成的合股花线。混色纱和合股花线的织物呈现斑驳云纹。

混色合股花线是将多种颜色的纤维混合形成，通常形成多股纱线合股设计。从色纱色彩角度，常见包括同色捻合、近似色捻合、对比色捻合、明调色捻合、暗调色捻合等。同色捻合是用两种或两种以上的同一色相不同明度和纯度的色纱相互捻合而成；近似色捻合是采用相邻的色调的纱线相互捻合；对比色捻合是采用呈色相环上180° 的色纱相互捻合；明调色捻合是采用一深一浅的两种色纱形成色差大、对比明显的特点；暗调捻合是采用黑色为底与暗色、冷色等捻合形成。色彩知识参考针织服装色彩和图案设计第一章内容。

四、新型纱线

天丝纤维、莫代尔纤维、珍珠蛋白纤维、功能性纤维等高新技术纱线层出不穷。新原料纱线来自新开发的各类再生天然纤维，比如，大豆蛋白纤维、竹纤维、牛奶纤维等，都是从天然原料中提取的绿色纤维，在加工过程中污染少。这类纤维可利用各自的纤维特性进行多种多样的组合，以获得更好的服用性能。如大豆蛋白纤维与桑蚕丝、羊绒混纺；牛奶纤维与羊绒、羊毛混纺；竹纤维、棉纤维混纺等。功能性纤维利用高科技手段添加某些成分使纤维达到各种所需功能，如陶瓷纤维轻质耐火，远红外纤维保温保健、促进血液循环等。

五、常用纱线分类

1. 编结绒线/针织绒线

单股或双股及以上绒线，6公支以下。适合手工棒针编织。

2. 精纺与粗纺绒线

精纺绒线，18～36公支，由各种毛、化纤纯纺、混纺等精梳毛纱制成品。精纺纱线通常采用合股纱线，其密度较低、织物弹性好、纹路清晰、可塑性强。精纺类羊毛纱线织物平整、挺括、针路清晰、手感及弹性非常好。

纯粗纺绒线，12～16公支，由各种毛、化纤纯纺、混纺等粗梳毛纱制成品。粗纺纱大部分采用较短的纤维纺成，有单纱和合股纱两种，其织物密度较高、强力没有精纺纱好，但具有良好的缩绒性。粗纺类羊毛纱线织物线密度较高、抗伸强度低，但毛绒感强、手感柔软、延伸性和悬垂性较好，通常具有很好的保暖和透气性。

毛类原料，其中也包括毛类混纺原料，如羊毛、兔毛与羊毛混纺等；毛与化纤混纺类原料，有羊毛和腈纶、兔毛和腈纶等；其他原料包括纯棉线、真丝、天丝、毛和麻混纺、羊绒和绢丝混纺等。

六、毛纱的品号和色号

国内毛纱的原料、纺纱方法以及支数等用品号表示，也称货号，一般由四位阿拉伯数字组成，第一位表示纺纱的方法和类别；第二位表示组成原料；第三、第四位代表单股毛纱的支数。

绒线分为编结绒线（简称绒线）和针织绒线（简称针织绒）两类。

绒线：指股数为两股以上或股数为两股，合股线密度在6公支以上的。

针织绒线：股数为两股，合股线密度在6公支以下者，或者是单股，专供针织品加工用的纱线。

1. 毛纱的品号

编结绒线与针织绒线分为精纺和粗纺，货号一般四位数组成，其含义如下：

第一位数字表示产品的纺纱方法和类别。共分四类，其代号为：

0：精纺绒线（此代号常省略）

1：粗纺绒线

2：精纺针织绒线

3：粗纺针织绒线

第二位数字代表该品种所用原料，分为十类，其代号为：

0：山羊绒或山羊绒与其他纤维混纺

1：异质毛（国毛）

2：同质毛（外毛）

3：同质毛与黏胶纤维混纺

4：同质毛与异质毛混纺

5：异质毛与黏胶纤维混纺

6：同质毛与合成纤维混纺

7：异质毛与合成纤维混纺

8：纯化纤及其相互混纺

9：其他原料

6、7、8中的合成纤维或化学纤维多指腈纶和锦纶。

第三、第四位连起来代单股毛纱的公制支数。单纱公制支数是两位整数的细绒线或针织绒线，公制支数代号就表小公制文数，如单纱支数由一位整数和一位小数表示的粗绒线，其公制支数代号省略小数点。纱线的公制支数根据单纱公制支数列纺成纱线的单纱股数而定。

如3018—粗纺针织绒线，由山羊绒或山羊绒与其他纤维混纺而成，单股毛纱为18公支，单根为9公支。

2. 毛纱的色号

色谱与颜色的深浅用色号表示，由一位拉丁字母和三位阿拉伯数字组成，第一位为拉丁字母表示原料；第二位为阿拉伯数字表示色谱类别；第三、第四位为阿拉伯数字，表示色谱中具体颜色的深浅编号。

色号是一位拉丁字母和三位阿拉伯数组成。

第一位为拉丁字母，表示毛纱的原料名称：

N：羊毛品种

WB：腈纶50/羊毛50，腈纶60/羊毛40，腈纶70/羊毛30

KW：腈纶90/羊毛10

K：腈纶（包括腈纶珠绒，腈纶90/锦纶10，腈纶70/锦纶30）

L：羊仔毛（短毛）

R：羊绒

M：牦牛绒

C：驼绒

A：兔毛

AL：50%长兔毛成衫染色。

色号的第二位数字为毛纱的色谱类别代号：

0：白色谱（漂白和白色）

1：黄色和橙色谱

2：红色和青莲谱

3：蓝色和藏青谱

4：绿色谱

5：棕色和驼色谱

6：灰色和黑色谱

7～9：夹花色类。

色号的第三、第四位数字表示色谱中具体颜色的编码，代号规律是：号码01～12，颜色由最浅到深色，12以上为较深颜色。

N001表示颜色最浅的白色羊毛纯纺纱（习惯称为“特白全毛开司米”）。

七、用纱要求

选用纱线要考虑是否能充分表现针织服装风格及满足服用功能，例如，穿着季节是春夏还是秋冬、设计目标、服用目的、价格、纱线特性和风格、组织结构等。

1. 纱线细度

粗细不匀的纱线织成的针织物会出现横条、云级、阴影等织疵。纱的粗节，特别是大肚纱，会造成断纱、破洞等织疵。细结也易产生断纱，严重影响织物的坚牢度。

2. 纱线捻向和捻度

针织用纱的加捻系数一般比机织用纱小。如果捻度过大，纱线较为刚硬，柔软性差，编织时纱线不易弯曲，还容易扭成小辫，造成织疵；织物的弹性和手感板硬，稍有轻薄感，但整体光泽较差，易起鸡皮皱，局部耐磨性差，比较难生产加工。如果捻度过小，则身骨松烂稍有丰厚感、易起毛起球、光泽差异大，耐磨性不好。只有捻度适当，才能使织物手感、光泽度好，具有弹性且不易起毛起球。在保证一定的编织强力下，针织用纱宜用低捻纱。

3. 强力要求

加工过程中，用纱受到不同的力而产生变形，其中最重要的是拉伸变形，强度不够的纱线容易断裂。对于针织用纱来说，仅仅强力高，不是其性能好坏的唯一指标，有些纱线，虽然强力不那么高，但其他性能（拉伸变形、耐磨性等）比较优良，其织品也耐穿耐用。

4. 毛纱的洁净度和光滑度

光洁的毛纱能保证正常顺利编织，使布面清晰、平整、美观。可通过对毛纱上蜡处理保证光滑度。

5. 毛纱染色的均匀度和色牢度

色差是指染缸之间纱线的色光差异。染色的均匀度直接影响针织服装的外观效果，染色不匀的纱线在织物表面上会产生色花、夹挡等。

第二节　针织服装线材设计

针织服装的丰富外观可以通过原料和纱线来实现，原料及纱线是影响服装风格创新的最基础最重要的因素。运用性能和风格不同的线材来体现丰富多变的针织服装表面肌理。

一、针织服装纱线设计

纱线结构的变化可以使织物表面形成不同的肌理感。利用纱线的性能和外观特点进行设计是针织服装设计必不可少的环节，相对机织服装的面料，纱线经由组织结构的针织设计具有更广泛的可设计性和更自由的可塑性。

1. 纱线原料

对于天然纤维，可利用其自然外观和舒适手感，选择纯棉、纯麻、纯毛和纯丝或者棉麻、丝棉、棉毛、毛麻、丝麻和丝毛等混纺纱线，结合组织结构，获得丰富多变的外观和手感效果。

2. 纱线粗细

相同成分而粗细不同的纱线组合，或者相同粗细不同外观效果的纱线组合，或者质地和粗细均不相同的纱线组合，产生虚实疏密等丰富的视觉效果。例如，大肚纱、竹节纱等粗细不均的纱线，编织纬平针组织充分表现出立体感强的颗粒状肌理。

3. 纱线色彩

夹色纱线、段染纱线、彩虹纱线等色彩变化的纱线，以及不同色彩的两种或以上纱线，编织简单的组织结构，形成斑驳、大理石视觉的图案。例如，黑色和白色段染纱线形成花灰色。

4. 纱线质感

雪尼尔类、环圈类、螺旋类、卷曲类、节子类、粗节线类等不同造型风格花式纱线极大丰富针织服装设计素材。

富含绒感的特殊纱线，如雪尼尔线、毛圈花式线、膨体变形纱、拉毛线、丝绒线等，结合纬平针等简单组织结构即可展现手感柔软、蓬松华丽、厚实温暖的表面肌理。

环圈纱是由芯纱、饰纱、固结纱组合成的最柔软的纱线，有毛巾线、花圈线、波浪线、辫子线等。毛巾线是连续、丰满、匀散分布的纱圈，其四周出现连续、饱满、稀疏匀散的大圈环，整体具有明显透孔；波浪线在四周出现波浪形的曲波；辫子线是通过捻向相同的两根交替送出而产生扭曲；螺旋线通过间距的不等进行设计使外观呈现间隔一段段刺毛虫状。

结子纱是由相同或不相同的颜色、大小、形状和间距的结子作为点缀而形成的，其外观呈现隔粒状；根据分布规律可以分为等间距和不等间距结子纱，还可以根据颜色花纹分为单色结子、双色结子。结子纱是通过改变组合纱的种类、捻度、捻向，纱线本身获得不同形状、大小的结子。

细竹节纱，竹节间距不等，呈自然分布，纱线粗细不匀的波动大，与其他色纱交织，用来编织粗针型羊毛衫，质地松软，具有特殊的立体感。

拆编纱用来编织起皱针织物，使织物具有起皱、凹凸不平的特殊风格。利用具有一定捻度纱线的解捻趋势并辅以抽缩手法使织物形成不同程度的随机性绉、皱褶。羊毛和化纤长丝合捻的夹丝纱线，采用加捻方法不同产生的外观效果不同。自捻纱由于花线和捻度不匀而显示非规则的花纹，可获得特殊的织物风格。

包芯纱，化纤长丝的强力高，保形性好，尺寸稳定性好，弹性好，外观华丽，手感好。

丝带、丝光等特殊纱线编织出细腻复杂或立体雕塑感的肌理。

断丝线有两种即人造丝断丝线和断丝复合线，复合花线采用不同类型的花式线复合而成。

5. 纱线和组织结构的设计关系

纱线和组织结构的关系也有着密切的关系，两者相互匹配，复杂的组织结构适合简单的纱线，而复杂的纱线适合简单的组织结构。例如，花型复杂而精细的挑花组织适合挑选细纱线，花型简洁而粗犷的绞花组织适合选择粗纱线（图3-31～图3-37）。

如图3-31所示为Spinexpo Shanghai 2016秋冬面料，运用不同纱线的组合。如图3-32所示，以植物为灵感，手工编织，多股混合纱线编织：羊毛、腈纶和聚酰胺。如图3-33所示为不同粗细和形状的羊毛纱线，从细针羊毛纱线到蓬松羊毛纱线以及圈圈羊毛纱线。如图3-35所示，透明纱线和普通毛纱分别编织出毛衫的上下两部分，对比强烈。如图3-36所示，两种纱线的组合演绎图案和丰富层次。如图3-37所示，纱线编织成针织条，再用针织的方式进行成衣制作。

图3-31　Ecafil Best

图3-32　Cecilia Ajayi，2013

图3-33　Chow KaWa，Key

图3-34　Balenciaga　2002秋冬

图3-35　Emilie Johansson　2014春夏

图3-36 Vivienne Westwood 2015秋冬

图3-37 Christian Wijnants 2015春夏

二、线性材料

现代材料的创新设计成为针织服装设计的焦点，要充分利用不同的线性材质以及可线性可编织的材质进行编织实验，探索针织服装肌理设计的边界，例如橡筋条、电线、磁带等特殊材质。挖掘物质材料原本属性的“可能性”，使其不可能转化成一种新的可能。

1. 布条

面料具有柔软性和可弯曲性，将面料撕裂或剪裁成一定宽度的条状，形成适合针织工艺的线材，选择恰当的组织结构进行编织。由于面料和组织结构的多样性，织物的肌理效果也丰富多彩，如图3-38～图3-42所示。

图3-38 白纱裁剪成条状，反针编织

2. 皮

皮条或者皮革切条作为针织线材，具有粗犷大气等风格特点。漆皮亮面类皮质线材适合呈现都市感、街头风格、未来主义等。如图3-43所示，皮革镂空针织，流苏，皮革染色。

3. 塑料

PVC线形材料、鱼线、磁带条、塑料管、海绵条、塑料袋等都可以成为针织线性材质。塑料种类繁多，个性和风格差异较大，编织后形成千变万化的肌理效果。一般采用纬平针等简单的组织结构即可，如图3-44～图3-46所示。

图3-39　坯布剪成布条，混合金线编织

图3-40　平针布裁成长度为5cm的布条，打结方式连接，反针编织

图3-41　Christian Wijnants　2015春夏，灰纱制作的布条

图3-42　Laura Biagiotti　2015春夏

图3-43　Karl Pinfold皮条编织

图3-44　曾丽，输液管

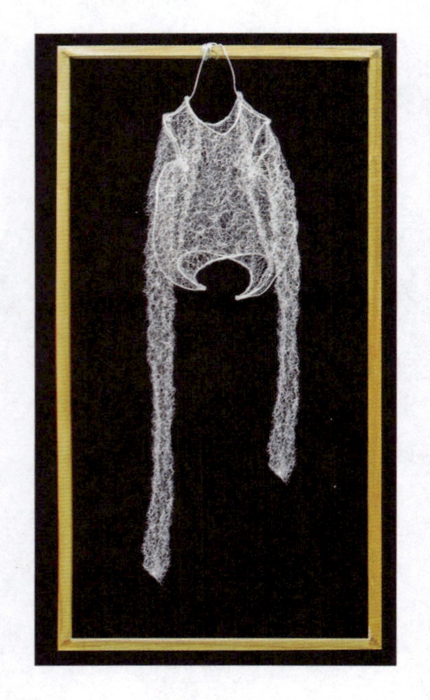

图3-45　曾丽，鱼丝针织服装作品《ILLUSION》

图3-46　Hayley Grundmann　2015秋冬，泡沫条

4. 金属

金属线材包括各类金、铂、铜、银、钨、铝等原料制成的线材，可塑性好，光芒闪烁。金属丝富于延展性，编织的针织物具有金属光泽，并且随着光源的变化，金属光泽也会发生变化，流光溢彩、华丽而耀眼。因为金属的弯曲可变性，金属丝编织的针织面料具有形态变化的记忆功能，形态更容易塑造。金属丝针织面料还可以防辐射、消除静电。如图3-47～图3-50所示。

图3-47　Steven Oo
（Spinexpo Shanghai 16AW，金属丝具有功能性和表面肌理装饰性）

图3-48　Flipucci
（Spinexpo Shanghai 16AW，局部表面涂层金属针织）

图3-49　San Fong Co.Ltd
（Spinexpo Shanghai 16AW，混合金属纱线）

图3-50　铜线针织小样

5．纸绳

纸绳是将纸张切分成条形后经机械或人工搓捻成的绳状，是绳子的一个分支。报纸和卫生纸等纸张制品是日常生活最为常见的材料，不仅造价低廉，且人人都能理解其本身的价值所在。通过针织，在纸身上重新树立一种新的价值，具有真正意义上的有效性，如图3-51、图3-52所示。

图3-51　《静·蕴》，搓成条状的卷纸（白珍霞）

图3-52　手织手纸作品（王雷）

6. 其他创新材质

凡是具有一定柔软性，可弯曲成圈、串套相连的线性材料都可以进行针织编织。在可持续设计和时尚科技的潮流趋势下，发光材质、绿色环保材质、旧物等是肌理再造的重点和热点，如图3-53所示。

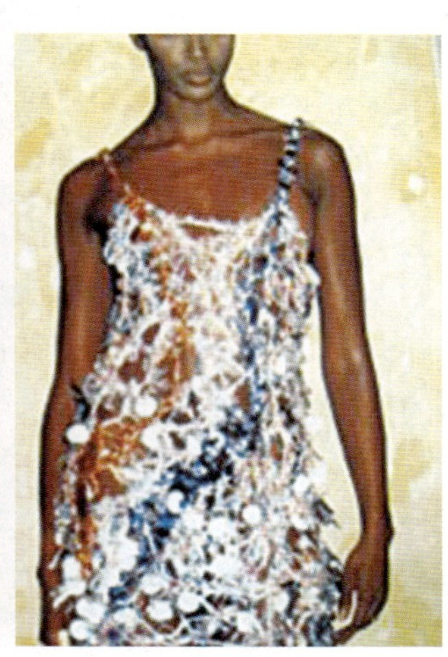

图3-53　各种创新材质的肌理效果

第三节　针织服装肌理设计

材质和肌理设计是针织服装设计的重要因素之一，可丰富针织服装的表现张力，创新的材质和肌理设计成为针织服装设计的新趋势。服装肌理指服装表面的纹理效果，目的是增强质地的艺术感染力，充分表现材料的艺术特点。肌理设计包括视觉肌理设计和触觉肌理设计，一般可分为加法和减法，所有方法都是在此基础上延伸。

针织肌理效果受纱线、密度、张力、组织结构及其组合、表面装饰等因素的影响。准确体会利用针织服装材质的肌理性格，打破原有的设计界限， 可变化出极为丰富的肌理和图案，结合针织服装的整体风格、色彩关系和造型特点，充分展示材质的魅力。通过选取一定的组织结构和针法，变换各种色纱，还可以融入其他手工艺，如棒针编织、钩编或机织花边的结合。通过不断研发创新组织、抽褶、镂空、撕裂、抽纱、编结等不同肌理设计手法，在二维平面衣片上实现凹凸 、褶皱 、曲线等三维立体的效果。充分发挥材质、组织的肌理美和造型效果，进行添加、削减、重复、夸张、变形搭配，运用工艺和设计造型为手段使针织服装的表现形式与人体结构达到协调、精致、完美的统一。

一、组织结构的肌理效果

所有针织组织结构均具有肌理感的表面外观，效果取决所用纱线种类和特性、密度以及组织结构组合等因素。组织结构的合理使用可产生多种多样的肌理效果，比如采用单面浮线，使织物中的线圈大小不一，产生褶皱；立体的三维针织可结合横楞、泡泡球、局部针织和绞花等形成。

基本组织一般采用罗纹组织或者变化的纬平针组织等， 再加上纱线的粗细来共同表现。花色组织造成强弱感、轻重感，色彩和组织表现出反复重叠、连续或断续的运动感。花色组织肌理的应用应首先注意其组织的基本特性，其次要注意花型设计是单面还是双面、是完全花型还是不完全花型，最后注意纱线的选择及花型组合方面的设计。

多种组织组合。组织结构是针织服装设计的基础，不同组织结构的合理和巧妙搭配可以使相对简单的服装形态获得丰富多变的肌理效果和立体感，充分体现组织结构与服装造型的完美结合。例如，采用纬平针与无规则集圈组织、罗纹组织、绞花组织组合形成具有雕塑效应的结构，配以局部的镂空，表面凹凸分明且富有弹性。又如，采用某些织针连续不编织形成密度相同的镂空组织，通过扭花、波纹等组织表现凹凸质感，两者组合花型稀疏交错排列且具有弹性。

二、针织服装的肌理效果

1. 镂空

针织服装的蕾丝、网眼等镂空肌理是透明网眼、浮线、图案化镂空的结合，可以通过挑花等组织结构、钩编、漏针和线圈脱散、收针和移圈等技术和烧、剪、撕等手段形成，密集的镂空呈现蕾丝效果。镂空效果的底色与镂空之间，镂空与肤色之间因重叠而形成图案以及层次变化。镂空肌理设计需注意其色彩与底色形成一定差异，才能衬托出本身的造型。钩编用钩针，通过钩挑方法，或通过移圈织成有节奏的孔眼变化，将纱线制作为图案或花边，形成不同图形的镂空效果。产生蕾丝效果的方法多种多样，通常采用细纱线编织，运用选针机构编织移圈组织、集圈组织或进行脱圈。

梯漏效果是针织特有的肌理，属于成圈和浮线的交替，且局部浮线较长较多，使面料产生虚实的视觉效果。手工编织可通过漏针获得，挑花工艺时漏针，挑走的针不补上，漏针处形成长距离的连线效果。机器编织通过抽针，即织针退出工作，编织若干横列后再推回继续工作获得，如图3–54～图3–56所示。

图3–54　梯漏效果

图3–55　漏针形成的梯级效果

2. 凹凸表面肌理

立体针织面料具有凹凸、褶皱等肌理效果，比机织面料更具厚度。通过变换组织结构，形成方格、竖条、绞花、树叶或者贝壳等具有浅浮雕感的花纹，如罗纹的凹凸竖条效应、集圈的蜂巢肌理等。利用正针凸反针凹的组合；利用单列或多列集圈组织的配置，形成不规则起皱；利用抽条组织和集圈组织有机结合或多次集圈，由于集圈线圈抽紧而使相邻线圈凸出在织物表面。可通过将多次集圈组织变化结合，产生浮雕感很强的凹凸立体效果。局部编织技术也经常用于形成小球状和短横楞等局部凸起的肌理，如图3-57～图3-61所示。

图3-56　Philipp Plein　2016春夏

图3-57　球肌理

图3-58　Prabal Gurung　2018早春

图3-59 变换色彩的局部编织

图3-60 罗纹组织为基础的局部编织

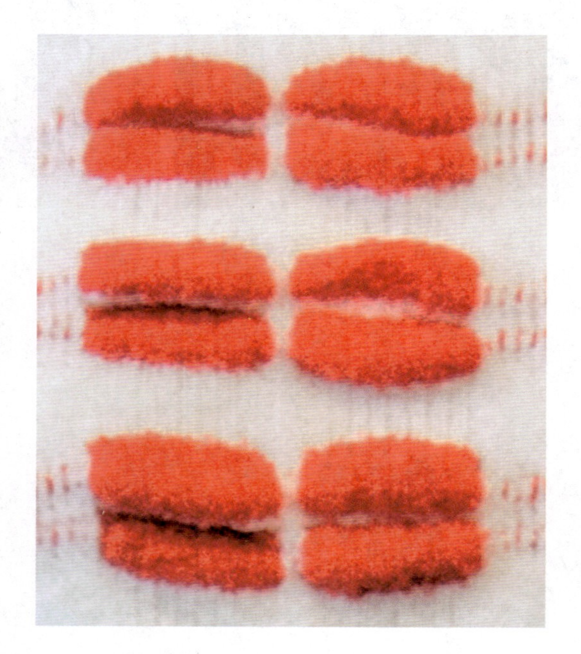

图3-61 Novis 2017秋冬

利用不同材质的纱线交织、不同粗细的花式纱线组合、不同收缩性能的纱线交织，花式纱线本身的波纹特点，搭配花式纱线和常规纱线以突出花式线特性，均能得到各种凹凸和皱褶效果；利用强捻丝的解捻趋势，配置不同紧度的结构，使织物形成不同程度的随机性皱褶；选用同色不同收缩率的纱线交替编织，运用到服装局部产生类似盔甲样厚实的风格效果，如图3-62所示。

3. 褶皱

在针织服装不同的部位抽褶产生特殊肌理效果，无规则褶皱与疏密相配，产生局部浮雕感，丰富服装外形的层次感。另一方面，服装随人体的起伏、凹凸所呈现出线条的律动，增加服装的视觉美感。

褶皱是服装设计中的经典设计元素。褶皱本质上是三维造型，而形式上又是平面感觉的，是立体和平面的结合，因而褶皱设计被誉为简约风格中的亮点。在薄型针织毛衫中制作出褶皱的效果也是常用的装饰手法，其设计构想与机织服装有些相同。整体运用抽褶的手法，通过大小方位的不同、组合形式的不同、上下左右的距离不同进行褶皱设计，加上多层垂悬，使褶皱面积增加，以强调毛衫的雕塑感。

绉类针织面料形成的方式有多种，不同收缩性能的纱线交织，使织物具有绉效应；利用强捻丝的解捻趋势，配置不同紧度的结构，使织物形成不同程度的随机皱褶；利用单列或多列集圈组织的配置，形成不规则绉效应；采用单面浮线配置，织物中的线圈大小不一致，产生皱褶；具有波浪的花式纱线能使整块面料产生均匀的绉效应，如图3-63～图3-65所示。

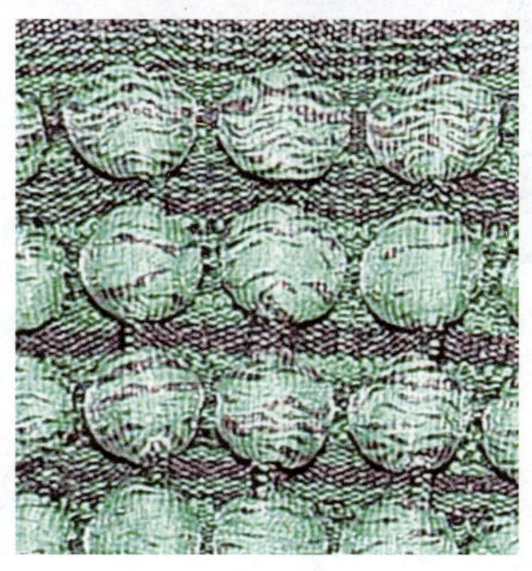

图3-62 Phelan 2016秋冬

图3-63 Zoe Jordan 2016秋冬

图3-64　Zoe Jordan　2016秋冬

图3-65　Kenzo　2016秋冬
（卷边的纬平针织条弯曲成波浪状，构成上衣的横向条纹和裙子的纵向条纹）

4. **荷叶边及卷边**

荷叶边与卷边一般利用组织自身的特性来进行设计，纬平针组织具有的特性最能达到这种效果；也可以运用组织结构较为简单、面料平整的织物组织来进行设计，经过一定的处理方法产生卷边或者荷叶边；还可以再通过堆积组合排列的方式，使针织服装具雕塑感或女性浪漫风格，如图3-66所示。

5. 立体装饰

图案以立体的形式装饰在针织服装表面，如利用针织面料制作的蝴蝶结和立体花、利用绳带盘绕形成的盘扣和盘花、钩编的立体花朵等，如图3-67所示。

图3-66　Alexander McQueen　2017秋冬

图3-67　邓皓

6. 其他立体造型方法

运用服装三维空间概念、形式美的法则及造型手段，扭转、穿插、堆积、穿套、缝合、编结等手段实现造型与结构的完美结合，根据人体复杂的体面关系，运用特有的针织工艺设计手段直接形成具有三维立体造型的衣片，实现平面向立体的转化，形成艺术造型与技术造型的结合。电脑横机的发展也为针织服装立体肌理和造型提供了便于实现的手段和方法。

扭转是在针织服装造型前将针织织物进行扭转变形，或改变纱线组织的发展方向，使其在原有的基础上更能凸显立体感。堆积是将针织面料、纱线组织进行重复的利用，使其看起来有厚重感。串套是将组织结构及花纹进行交替穿插，变化方向。编结是使用棒针或钩针等工具进行的手工编织工艺，如图3-68～图3-71所示。

图3-68　Mark Fast　2012秋冬

图3-69　Katie Eary　2015秋冬

图3-70　Liu Fang　2013早春

图3-71　Liu Fang　2013早春

三、表面装饰肌理

针织面料完成后运用其他材质添加表面装饰。针织服装装饰手法多种多样，可用镶嵌贴绲、刺绣、拼补、衍缝等工艺手段，可用流苏、拉链、纽扣、铆钉、水钻、珠片、花边和布片等辅料装饰针织服装表面，也可用印花、刺绣和钩花等手段丰富针织服装设计。设计师经常将各种装饰手段有机结合，最终获得极具风格特色的设计效果，如图3-72～图3-75所示。

图3-72　添加纽扣以及丝线装饰，曾嘉琪作品

图3-73　Topman Design　2017秋冬，添加五金件的装饰

图3-74　Mugler　2015秋冬，金属条装饰

针织服装常见的装饰手段之一为流苏，流苏的装饰部位、数量、长短、色彩可以增强针织服装的风格特征，营造或不羁或高贵或浪漫之感，如图3-76～图3-78所示。

图3-75　Central Saint Martins　2014秋冬，乱针绣

图3-76　Byblos Milano　2016秋冬

图3-77 Valentino 2016秋冬，金属流苏

图3-78 Prabal Gurung 2017春夏

四、其他肌理效果

1. 金属感

具有金属感的针织服装肌理可采用金属丝和有光丝等原料，也可通过涂层、轧光和烫金等后整理工艺获得。金色涂层产生皲裂，类似土地干裂的肌理。在正针形成的凸条纹上涂层，强调了线条及其组成的几何图案，如图3-79、图3-80所示。

图3-79 金属纱线编织

图3-80 涂层

2. 塑料化

金属和非金属纤维结合，受热融化，成为半硬的塑料化面料，视觉效果强烈；或者用

PVC进行层叠，形成视觉上的塑料化，如图3-81所示。

图3-81　针织视觉塑料化

3. **起绒效果**

一些针织组织结构的外观特点是具有起绒的肌理效果，比如长毛绒组织利用附加纤维或纱线与地纱共同编织，具有丰盈松软的绒毛效果；密度较小的提花毛圈织物进行剪毛处理，或者提花毛圈织物经剪毛和磨绒，或者织物局部植绒，形成图案部位的绒毛效果；纬平针和罗纹织物单面磨绒可获得细微的绒毛；衬纬织物经拉毛、磨绒获得绒毛效果。

4. **透明效果**

针织面料的透明肌理往往是由纱线决定，比如细旦涤纶、锦纶长丝。运用纱线不同的光感、细度、颜色和材质的对比，产生透明效果。或者在尼龙和黏胶为成分的针织面料利用烂花后整理，在图案部位腐蚀黏胶，形成局部透薄效应。针织面料印上加热会膨胀的化学物，具有浮雕效果，如图3-82所示。

图3-82　烂花针织物

5. **毡化**

羊毛织物在热弱碱性肥皂液中经机械反复摩擦与压缩处理使之毡缩的加工工艺，也可以通过针刺的方法获得。毡化可获得结构紧密、手感增强的制品。针织面料和纤维毡化的不同形式。金属针织嵌入羊毛纤维进行毡化，获得对比的混合的个性化面料，具有较强的触觉和视觉吸引力（图3-83～图3-85）。其中，如图3-84所示，毡化的毛衫进行切割，形成边缘烧焦的镂空图案。

图3-83　迷彩效果，Heikki Salonen　2012AW

图3-84　OAMC　2017秋冬

6. 做旧效果

艺术化“旧物”审美观的持续流行，促使在撕裂、褪色、降解和织补技术上的研究。做旧效果不仅表达节俭和减少浪费，也讲述了人类和服装之间的关系以及服装所蕴含的记忆，如图3-86～图3-88所示。

图3-85 毡化针织物，Jeung-Hwa Park

图3-86 Charles Jeffrey 2015秋冬

图3-87 Celia Pym

图3-88 旧金山行为艺术家Michael Swaine的“上门织补”概念
（织补服装，叙述故事，激发对抛弃型社会的疑问）

7. **手工艺与现代技术的融合**

手工艺复兴风潮，高科技的快速发展并不是相反的，通过融合传统手工艺和当代技术创造创新性面料。传统技术和当代技术的实验，比如绞花和激光切割面料一起制造出前沿的设计，如图3-89所示。

图3-89 Jessica Hope Medlock 传统和现代技术的融合

五、针织服装的材质组合

针织材质可以搭配组合多种面料材质种类，包括柔软型、厚重型、挺爽型、光泽型、透明型等，纱、绸、灯芯绒、牛仔、毛呢、皮草、皮革、织带等面辅料，形成饶有趣味的迥异风格。组合的方法包括嵌入法、附着法、拼接法、覆盖法。多种材质和综合手法可产生更为丰富的肌理效果，如图3-90～图3-98所示。

图3-90 Paul & Joe 2017秋冬
（嵌入法）

图3-91 Sandra Backlund
（嵌入法）

图3-92 Laura Biagiotti 2015春夏
（针织穿透附着在透明面料上，和同色调印花裤子统一协调）

图3-93　Alice Lee

图3-94　Christian Dada　2015秋冬

图3-95　Pringle of Scotland 2017春夏
（同色调的针织物和机织物以不规则块面结合）

图3-96　Fausto Puglisi　2016秋冬
（皮革与针织的组合）

图3-97　Fendi　2015秋冬

图3-98　ICB　2015秋冬
（针织上覆盖透明纱，材质组合采用上下重叠方法）

第四节　针织小样

一、针织物密度及机号

1. 密度

针织物密度指针织物在一定纱线线密度条件下的稀密程度。针织物的密度用规定长度内的线圈数来表示，可分为横密和纵密两种。横密是沿线圈横列方向10cm内的线圈纵行数。纵密是沿线圈纵行方向10cm内的线圈横列数。针织物密度又分为下机密度和成品密度，成品密度是针织物经过松弛收缩后达到的稳定状态，是针织服装工艺计算的基础之一。密度的测定如图3–99、图3–100所示。

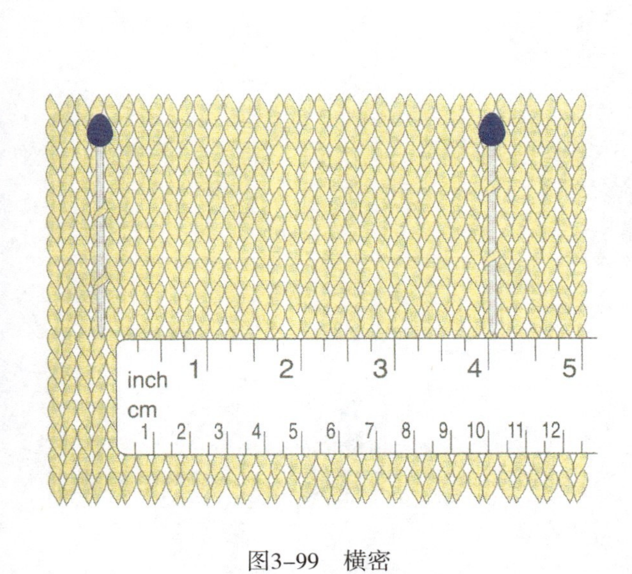

图3–99　横密

图3–100　纵密

2. 机号

机号指针织机的织针密度，是针床上规定长度内所具有的针数，在一定程度上确定加工纱线的线密度范围。采用以下公式计算：

$$G=E/T$$

其中：G——机号；

E——针床上的规定长度；

T——针距。

机号越大，针床上规定长度内的针数越多，针距越小，可加工的纱线越细，织物密度也越紧密、越薄。机号和纱线线密度、织物组织有密切的关系。进行毛针织物生产的横机机号可分为细机号（机号在8针以上，包括8针）和粗机号（机号在8针以下）两种，如图3–101～图3–103所示。

图3-101　机号2.5及针织物

图3-102　机号7及针织物

图3-103　机号12及针织物

二、针织小样

试验纱线和制作小样是设计过程中非常重要的环节，理解纱线特征和是否适合设计，以及最合适的机号和密度。使用不同的纱线、不同的组织结构以及不同的密度，需要耐心地不断尝试。保留每次试验的小样，对每块小样备注标签，标注纱线类型、密度和组织结构等细节，如图3-104～图3-106所示。

图3-104　针织小样标注

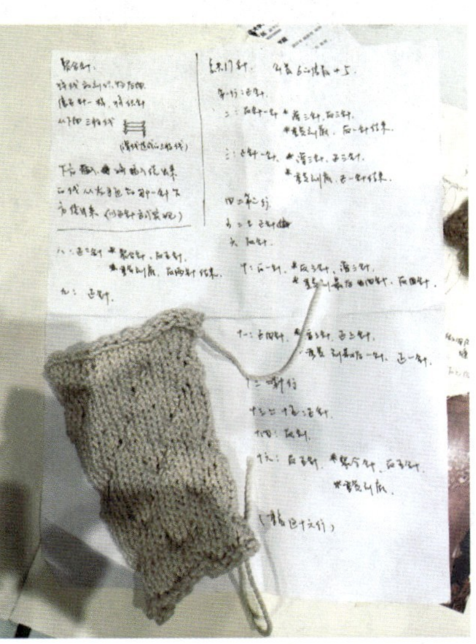

图3-105　制作针织小样

图3-106 一组学生手工编织的针织小样

练习与实践

1. 请寻找两种以上的线性材料制作针织小样。
2. 请为第二章的练习与实践设计纱线与材质肌理方案。

理论与实践——

针织服装造型设计

课题名称： 针织服装造型设计

课题内容： 1. 针织服装形式美法则

2. 针织服装造型元素

3. 针织服装设计风格

4. 针织服装款式设计

课题时间： 12课时

教学目的： 通过设计练习及实训，综合运用前面章节所学内容，验证针织学知识与服装设计的关系，为后续章节打下基础。

教学方法： 1. 实验法，进行实验性的创造设计，强调创新意识。

2. 开拓启发，不断加入新设计思维、新技术和新工艺。

3. 课堂快速设计风暴。

4. 项目法和作品交流。

教学要求： 掌握形式美法则的运用，了解主要的针织服装设计风格，熟练运用造型元素进行针织服装设计，掌握针织服装细部设计。

第四章　针织服装造型设计

第一节　针织服装形式美法则

针织服装和其他服装一样不能用固定公式来衡量，除了题材与内容外，还必须有一个完美的艺术形式，才能更好地表现美的内容。具有美的形式的共同特征被称为形式美法则，即对称、平衡、对比、变化、统一、比例、节奏、韵律等。这些形式美法则同样适用于针织服装设计，体现在针织服装的造型、组织结构、色彩、肌理以及纹饰等方面，并通过具体细节、结构、款型等表现出来。形式美原理的具体应用必须注重整体性的完美表现，针织服装整体和谐美必须注意调和与对比、比例与尺度、统一与变化、节奏与韵律、对称和均衡、反复与交替。恰当利用设计的形式美法则，巧妙地结合针织服装具体功能和结构，才能推出创新创意的针织服装款式。

一、反复和交替

相同相似的形、色、组织结构等构成单元，重复排列，或者利用相异的两种以上单元轮流出现，前者在统一中求变化，后者也称交替，在变化中求统一。造型元素在针织服装上反复交替使用会产生统一感，如图4–1～图4–3所示。

图4–1　针织衫背面
（荷叶边装饰的袖子裂口规则排列，形成反复的效果）

反复的形式呈现规则或不规则的渐变时，如由大到小、由强到弱的递增或递减，形成协调统一的视觉效果。渐变分为规则渐变和不规则渐变。规则渐变实质上是以优美的比例为基础，富于韵律性，如赤、橙、黄、绿、蓝、靛、紫的色彩排列。不规则渐变的变化没有规律可循，强调是感觉上或视觉上的渐变性。针织服装的渐变多种多样，既有色彩、条纹、装饰的变化，也有纱线材质的渐变，如图4–4、图4–5所示。

二、节奏和韵律

节奏是单调的重复，韵律是节奏形式的深化。节奏在设计上指线条、形体、色彩等因素按照一定的规律运动变化，引起的心理感受。韵律也称旋律，是指节奏按照一定的重复形式、一定的比例形式、一定的变化形式组合在一起。

图4-2　李筱2013作品
（黄色通过外套下摆和袖口、鞋反复出现，
并与紫色形成对比配色）

图4-3　绞花元素的反复运用
（绞花图案交替放置在前胸、袖子以及袜裤，
其尺寸大小和图案工艺进行了变化）

图4-4　Jean Paul Gaultier作品
（横向条纹自上而下由窄逐渐变宽）

图4-5　Balenciaga　2014秋冬
（钉珠装饰从领口向肩袖由密到疏的渐变）

韵律的基本形式包括：连续韵律是同种要素无变化地重复排列；渐变韵律是同种要素按某一规律逐渐变化的重复；交错韵律是同种要素按某一规律交错组合的重复；起伏韵律是同种要素使用相似的形式按某一规律作强弱起伏变化的重复。在针织服装设计中，韵律可表

现为组织结构、线形、色彩、图案和质地的反复、层次、渐变、呼应等，包括衣领、袖、口袋、袋沿、袋盖、门襟边、衣摆边等局部之间，纽扣、系带、腰带、花边、皮边等配饰之间，服装的整体与局部、面料与配饰之间、组织结构之间的配置关系。此外，外轮廓线、结构线、分割线、细部的线形都是形成韵律感的重要设计要素，如图4-6～图4-9所示。

图4-6　Nina Ricci　2015秋冬
（不同组织结构的方块面相拼，白调轻微变化，毛衣和筒裙结构简单，节奏利落清晰）

图4-7　Kenzo作品
（红色花边的层叠交错，沿着身体由上而下形成随意流动的韵律感。灰色作为点缀色强调了这种曲线韵律）

图4-8　Esteban Cortazar　2017春夏
（条块的针织肌理穿插交叠，虚实的不规则旋律产生跃动变化）

图4-9　Roberto Cavalli　2017春夏
（流苏和喇叭袖随着身体的运动形成流动旋律，色彩形成渐变旋律）

三、比例

比例是整体与部分、部分与部分之间的数量关系。整体形式中一切有关数量的条件，如长短、大小、粗细、厚薄、浓淡、轻重等，在恰当的原则下进行搭配，可以产生美的视觉感受。任何一种比例的变化都会产生一股流行的潮流。比例的形式有很多，最有名的是黄金比，即一线段与另一线段的比是1：1.618，是最美的、视觉感受最舒适的比例关系。其他形式还包括等差级数、等比级数、调和级数、费波那奇数列、根矩比例、日本比例等。等差级数是以一单位为基准，把它的二倍、三倍、四倍等求得的数值依次排列，即成等差系列，（如2、4、6、8…），这种比例富于秩序的结构。等比级数是将前项以公比所得的数列，（如2、32…），这种形态的比例能产生强烈的变化。调和级数是以等级数为分母所得的数列（如1/2、l/5…），这种形态的比例较等差级数富于变化。针织服装设计中包括领、袖、袋、分割与整体服装、各种装饰与整体服装、上身与下身、内衣与外衣、针织和其他材质、色彩之间等各种比例关系。修改比例实现不同的美，时尚也经常打破这些预期的规则来创造夸张的视觉效果，如图4-10～图4-13所示。

图4-10　Yamamoto作品
（灰色针织服装侧开衩高度上升到胸部，露出白色内裙，长度比例和色彩比例硬朗冷冽）

图4-11　Veronique Leroy　2017春夏
（内外长度的大比例关系，针织服装和皮肤的面积比例关系，造成性感的形象）

四、对称和均衡

针织服装形态的平衡是指服装不同部分的视觉重量或者空间的平衡，包括了整体和细部、细部和细部之间的线形、色彩、图案、材质、装饰的平衡。平衡分为对称和均衡两种形式。

对称又称正式平衡，指以某种参照物为坐标，坐标分开的各部分在大小、形态、距离

图4-12 Acne Studios 2017春夏
（上衣拉长，肩部下放，重心下移，形成上长下短的比例关系）

图4-13 针织连衣裙
（长度的短长短配合蓝色的浅深浅丰富了比例关系，罗纹和褶裥肌理使整体设计产生变化）

图4-14 Chanel 2015秋冬
（经典的Chanel款式特点，以前中为轴，胸贴袋、插袋、袖窿、袖口和裙子分割绝对对称）

和排列等方面均一相当，给形态以最大秩序性，具有平稳、单纯、安定、稳重感；但如果处理不好，会产生乏味、单调、生硬、沉闷的感觉。对称可分为轴对称和点对称。单轴对称是一根轴线为基准，在轴线两侧进行对称构成，有时视觉上过于统一而显得呆板，局部做小变化或通过其他造型要素如色彩、材质等进行变化；多轴对称是两根或多根轴线为基准分别对称造型要素；点对称或回旋对称以某一点为基准，造型要素依一定角度作放射状的回转排列，以旋转的感觉，形成稳定而蕴含动感的效果。

均衡也称非正式平衡，中心点两侧的造型要素不需要相等或相同，在视觉上同样产生相对稳定的平衡感，这种方法改变对称过于平稳呆板的感觉。不同的造型、色彩、质感、各种装饰物等要素环绕一个中心组合一起，把各自的位置与距离安排得宜，重量、质地、形状、色彩等方面的吸引力相等形成视觉平衡，在非对称状态中寻求稳定又灵活多变的形式美感，如图4-14～图4-16所示。

图4-15 Yohji Yamamoto 2016秋冬
（左侧下摆的横向罗纹和右侧翻领形成均衡）

图4-16 Christian Dada 2016秋冬
（左侧的针织衣片和右侧的印花平衡了整体视觉）

五、对比和调和

个性差异大或相反的元素放置一起，通过比较，相异的特性更为突出，强者更强，弱者更弱。对比是调节针织服装过于呆滞的有效方法，可变得生动活泼或不安定感。针织服装设计通过形态、色彩或质感的对比来制造强烈的视觉效果，注意把握量和度，否则会产生不协调的感觉。此外，对比因素过多会形成杂乱无章的效果。根据对比力度的强弱可形成渐变、变异、特殊等针织服装造型形式。针织服装设计中对比的应用广泛，包括组织结构的简单复杂、色彩冷暖、深浅，质地厚薄、粗细、软硬、糙滑，整体造型和细部廓型等的对比。

调和也称协调，是形态、风格、色彩和质感等所有设计元素之间合理地组织统一与变化，使各个部分相互关联、呼应和衬托，以求整体多样统一，共同创造一个成功的视觉效果。分为类似调和与对比调和两种类型。类似调和指相同的或相似的东西有共同的因素和特征，容易融洽产生协调感，富有抒情意识，具有柔和、圆融的效果；对比调和是构成服装元素之间看似没有共性的东西，但组合运用得当也可产生共同的积极因素，其对比关系又能相互调适而形成融洽，富于说理的理念，具有强烈、明快的感觉。对比调和的最佳方法是在对立面中加入对方的因素或者双方加入第三者因素，颜色的深浅、衣料的厚薄、光泽与粗糙、重与轻、款式的宽松与细窄、长短等都是构成对比调和的因素，如图4-17、图4-18所示。

图4-17 Esteban Cortazar 2016春夏
（针织毛衫和下身金属圆环装饰构成材质对比，
通过针织毛衫的金属色感取得了调和）

图4-18 Fatima 2015秋冬
（肩部弧线形状的红色图案与黑色的衣身具有
强烈的对比效果，形成视觉中心）

六、统一与变化

统一是通过对个体的调整使整体产生秩序感，形成风格的统一。统一能同化或弱化各个部分的对比，缓解视觉的矛盾冲突，加强整体感。统一包括：重复统一是将性质相同或形状相似的形象要素组合在一起，达到各个部分的相互一致，统一感最强；支配统一是主次关系，整体处于指挥、控制的地位，部分则依附于整体而存在，部分连成整体，部分与部分之间形成一定秩序，从而形成统一的美。

变化是将某方面形式因素差异较大的物像放置在一起，由此造成各种变化，强调差异，取得醒目、突出、生动的效果。变化常用手段有夸张和强调，造成视觉上的跳跃，塑造吸引力。强调最重要的是确定兴趣中心，调动各种方式来突出重点，包括强调主题、强调组织结构、强调服装部件、强调色彩、强调材料、强调工艺、强调配饰等形式，例如领肩袖胸腰等部位强调，纽扣、拉链、花边等配饰强调，取得突出的视觉效果，如图4-19所示，将针织和机织、红黑白灰、条纹和格子、兜帽的休闲和风衣的经典、加长的围巾和斜挎包等，众多冲突的元素富于变化，统一在英伦绅士嬉皮街头风格中。如图4-20所示，将夸张的帽、领、手套和不同的纱线材质，在统一的蓝色调中取得变化。

图4-19　Undercover　2016秋冬

图4-20　Sibling　2013秋冬

第二节　针织服装造型元素

针织服装形态是通过点、线、面、体以及服装各构成要素以一定的形式组合。针织服装造型又是由外部轮廓线和内部分割线以及领、袖、口袋、纽扣和附加饰物等局部的组合关系所构成的。针织服装造型和其他服装一样，既有实用性，也有审美性，同时利用针织的特性和组织结构进行造型元素的变化。

一、点

点是服装造型的要素之一，是一个具有一定空间位置、有一定大小形状的视觉单位，也是空间最小单位的形态。在针织服装造型中常常赋予装饰功能，表现为图案、纽扣、领结、围巾结、戒指、胸针等。针织服装的点造型可以通过提花图案编织取得，或者局部编织形成突出的点获得。

点具有两方面特性，一是点的大小不固定，点和面是相对而言的，要看点和面的大小而定；二是点的形状不固定，包括方形、圆形、三角形、自由形等任何形状。点的作用是多方面的，与点的形态、位置、数量、排列等因素息息相关。点在空间所处的位置常表现出一种聚向而成为视觉中心，非常容易牵动视线，起到强调和点缀的作用。点的不同数量及大小的设置会产生不同的感觉。点的大小表现出不同的视觉强度，大的点距离显得近，视感强烈；

小的点，距离显得远，视感较弱。但点若过大，就失去了点的特性，向面转化，有松散、不精巧的感觉。从点的数量看，单一的点可以标明位置，吸引人的注意力，具有明显的静态感；两个以上的点的放置则构成视觉心理的连续感；多个点可使注意力分散，活跃气氛，丰富视觉变化的移动感。从点的表现看，点少表现重在点的形态变化上；点多表现重在排列的形式上。从点的排列看，相同点的排列可构成心理上的连线，点的有规律反复可形成节奏。当点横向或竖向排列时，连续的点有很强的韵律感。此外，点的距离越近，其移动感越强；点的距离越远，移动感越弱。从点的色彩看，点和所在的面具有图和底的关系，点和底的色彩差异大，效果就鲜明；差异小，效果就减弱。如图4-21 ~ 图4-24所示。

图4-21　Monique Lhuillier　2016秋冬
（缎带粉色小花和银色亮片零落围绕在毛衣领口和肩部，呼应了裙子的花色，柔美迷人）

图4-22　Harbison　2016春夏
（黑色小圆盘上的白花，规则装饰在白色针织背心裙）

二、线

线是具有一定长度的点的移动轨迹。线的特征包括八个方面：线的形态、粗细、连续性、尖锐度、轮廓、连贯性、长度、方向。线的形态主要分为直线、曲线和折线三种，各自产生不同的联想和感情。直线具有男性特征，表示稳定和力量。直线又分为垂直线、水平线、斜线三种，垂直线具有修长、高耸、刚劲和挺拔感；水平线具有沉静、平和的稳定感；斜线具有不安定的运动感。曲线是软性的线，具有女性特征，表现阴柔之美，具有圆润、优雅、柔和、流动、轻松、愉快、变化的性格特征。折线具有中性特征、曲折和不安定感，根据折角大小可表现缓和或尖锐的感觉，根据折角频率表现急速、躁动、不安或平缓、微变的特征。

图4-23　Delpozo
（编织的点突出在织物表面，在较薄的针织面料上形成肌理）

图4-24　Emillio De La Morena　2014秋冬
（编织的黑点图案在蓝色毛衣前胸构成3×3的排列，配合规矩的毛衣和裙子，体现利落干净的风格）

在针织服装造型上线是面与面相交的地方，使服装成型，表现人体的曲线。针织服装设计中线的造型包括轮廓线和内部线。外轮廓线决定了针织服装外廓型。针织服装内部线按功能分为结构线和装饰线。结构线组织服装的空间廓型，起骨架作用，如肩、摆、袖、等缝合线。衣片之间的缝线是平面裁片按人体结构的立体形态组合的合理结构线，是设计师经过反复思考后从整体计算出来的，这种设计线必须符合整体设计要求。装饰线有明线和暗线，这种线条不仅本身要合理协调，还要具有一定美感。装饰线有分割面的作用，把面用一条线、两条线或多条线进行分割，会增加面的内容，分割后的面还能形成极为丰富的比例关系。平面的线穿到人体后，随着人体动态的不同姿势，线的形态也产生变化，富有生命力。利用线的这种特征可改变人体形象，掩盖人体的某些缺陷，运用这种视觉上的变化，追求分割的比例美和着装的丰富情趣。所以，针织服装设计线的应用必须考虑人体的立体效果。

针织服装造型的内部线的表现很复杂，除了机织服装的明线、抽褶、滚条和花边等外，少了省道形成的内部线，而多了由组织结构形成的各种线，比如纬平针组织反面的横线、罗纹组织的纵向直线、波纹组织的折线和提花组织背面的短浮线等。服饰配件的领带、腰带也有线的性质。线的感觉会随材料种类、组织结构、光感、重量、厚薄、手感和颜色的不同而有不同的表现，线的构成可用不同色彩不同质地纱线，这些线的组合使针织服装产生不同效果，如图4-25～图4-28所示。

图4-25 JW Anderson 2016春夏
（袖部连续的点构成折线，丰富了单调的款式和整体色彩）

图4-26 Valentino Red 2015早秋
（针织服装中常用的间色横条可以通过编织直接获得，装饰性强）

图4-27 Mark Fast 2011春夏
（通过针织组织结构的外观特性，形成具有浮雕效果的直线和荷叶边）

图4-28 Rag & Bone zet 2016早秋
（基于罗纹组织的线状肌理，不同的方向放置，构成块面）

三、面

面是一个二维空间的概念，是造型的又一重要因素。从动态看，面是线的移动轨迹，是线的不同形式的组合，而在实际的形态感觉中，面又具有一种比点大、比线宽的形的概念。

在针织服装设计中，面可以由不同纱线、不同色彩或不同组织结构形成。面的形状不同，视觉效果也就不同。其形状和状态是极其丰富的，有平面、曲面、有规则形状的面、不规则形状的面或者具象的面和抽象的面。几何形是指形态简洁规整的图形，具有机械、冷静、现代感强、易于加工制作等特点。自由形是指形态自由多变的图形，具有轻松、活泼、自然等特点，具有表现力和人情味，比几何形更符合针织服装的软雕塑特性。自由形也以其随和细腻、灵活多变的形态优势，满足人体体态的需要。

图4-29　Vivienne Westwood　2015秋冬
（附加的装饰面，四周荷叶边强调，与现代图案构成街头风格）

面在针织服装中还起到衬托的作用。点、线的形态一般要比面的形态小，并依附于面而存在，面在其中就起到衬托它们的作用。被面衬托的还有一些小面的存在，被衬托的形态常常是较为鲜明而突出的，但离开了衬托面的存在，点、线形态的突出也就不存在了。

面的大小造成不同的距离感，构成了对视觉的不同刺激感应，大的面视觉感充足，小的面视觉感就微弱。不同的形面因为色彩会引起视觉强弱，同样的形面，呈暖色、对比色、黑白色、鲜艳色的容易突出，呈冷色、调和色、灰暗色的容易弱化，如图4-29～图4-33所示。

图4-30　Issey Miyake作品
（不同色彩的透明针织衣片层叠，包裹身体，超弹性的针织拉长并系紧在袜口边缘，形成罩的形式）

图4-31　Clare Tough　2004
（不同组织结构、不同纱线、不同色彩形成随意的趣味性的自由面）

图4-32 Milly 2016春夏
（罗纹间色编织，通过面与面的拼接，
形成色彩条纹方向的变化）

图4-33 Undercover 2016秋冬
（点、线、面结合的案例，白色双排扣、
黑色细腰带和黑色皮质贴袋分别呈现点、
线、面的造型形态）

四、体

体是具有空间厚度的立体造型，如衣身、袖子、裤腿、立体的装饰等。针织服装在进行体的设计时可直接利用纱线的粗细编织形成，也可以基本单元复合构成体。体基本分为两种类型：一是围绕体，即围绕人体而构成的体。这种体与人的体态、动态紧密相关，其构成形式和外观受到人体体态的制约。它既可以是适体型的，也可以是宽松型的，但都以围绕人体为基础。这样的体的容量不管是大是小，都要或多或少地带有人体体态的特征。二是附着体，即附着或游离在人体之外的体。这种体与人体的体态、动态关联较小，独立性较强，与人体相连或相关的只是它的某一部分。这样的体大多不能独自存在，总要与围绕人体构成的体组合在一起使用，但它的视觉效果却要比它所依附的体更加醒目、突出。在设计创作时，极为注重这种体的形象特征以及它与围绕人体部分的巧妙连接，以突出针织服装造型的新奇和美感，改变和丰富针织服装的造型效果。这种附着体由于不受人体的直接限制，可以向人体以外的空间自由地拓展，因而它的设计创意更加自由，效果更加明显，创作也更具表现力，如图4-34 ~ 图4-37所示。

图4-34　古又文针织雕塑
（材质从上自下逐渐变小，形成包裹身体的大体积感，属围绕体）

图4-35　中国美术学院毕业设计作品
（用小球单元组合在手臂中部形成圆球的体积，属于附加体构成立体装饰空间效果）

图4-36　附着体
（处于臀部两侧的附着体通过针织面料填充获得，配合镂空的针织套衫和肩部的羽毛）

图4-37　空间造型
（连贯曲线形成外轮廓，由一边袖口开始沿袖中缝、后领延伸到另一边的袖口，与从衣身和袖底缝开始编织的纬平针组织形成发射状的视觉效果）

第三节　针织服装设计风格

图4-38　H&M　2015秋冬
（渐变色宽松毛衣轻松随意，与品牌风格吻合）

一、休闲风格

针织服装最常见的风格之一，以穿着和视觉上的轻松、舒适、随意为主。休闲服饰外轮廓简单，在造型元素上没有太大的倾向性，点造型、线造型、面造型都很多，在面料上可搭配棉、麻和混纺材料，如棉布、水洗布、牛仔布、鹿皮绒、仿皮面料等，色彩明朗单纯，以大而醒目的图案作装饰。领型多变，但驳领较少；袖子变化较多，有宽松袖、紧身袖、插肩袖、中袖；门襟有对称和不对称之分，多使用拉链、尼龙搭扣、纽扣固定。主要是针对青少年群体时，休闲风格也可演绎为青春风格，表现年轻、可爱、自信、活泼为特点。色彩采用高明度、高纯度，如水彩、糖果色等，如图4-38～图4-40所示。

二、运动风格

针织服装最常见的风格之一，活力、健康轻松、潇

图4-39　Tsumori Chisato　2015秋冬
（简洁的连衣裙，色彩和图案活泼可爱，整体风格青春休闲）

图4-40　Paco Rabanne　2015秋冬
（多种组织结构拼合的针织背心，富有肌理的九分裤和拖鞋，时尚休闲）

洒利落。廓型以H型和O型为主。造型多采用线造型和面造型，线造型以弧线和直线居多；面造型以相对规整地拼接形式居多。领型以V领、翻领居多。门襟采用拉链、纽扣、绳带面固定，且左右对称。袖型多采用插肩袖、落肩袖、宽松袖，袖口多为罗纹紧口袖。口袋以暗袋、插袋为主。下身配以锥形长裤和运动裤，用嵌入式彩色线条分割造型。鞋配以长筒靴和运动鞋。色彩明亮动感，如图4-41～图4-43所示。

图4-41 Alexander Wang 2016春夏
（运动鞋的绑带元素、V领和红黑条纹结合体现时尚化的运动风）

三、中性风格

针织服装最常见的风格之一，男女皆可穿的服饰，如T恤、运动服等。女装的中性风格借鉴男士服装的设计元素，弱化女性特征。廓型设计上大多采用筒型、直线造型。在设计元素上以线造型为主，采用直线、斜线。在领型设计上变化较多，很少采用圆角多采用折角。袖型以插肩袖、装袖为主。口袋采用暗袋或插袋。下身多采用中裤、短裤、陀螺裤、裙裤。色彩明度较低，较少使用鲜艳的色彩，如图4-44、图4-45所示。

图4-42 Parsons the New School for Design 2016春夏
（撞色条纹是经典的运动风格元素）

图4-43 Tommy Hilfiger 2015秋冬
（数字和条纹依然是运动风格元素）

图4-44 Ji Oh 2016秋冬
（白色针织开衫大衣，无性别差异）

图4-45 Edun 2016早秋
（军绿色套头加长毛衫，简单的纽扣装饰）

四、经典风格

经典风格典雅严谨、和谐统一，比较保守，具有传统服装的特点，不太受流行影响，尤其是讲究品位女性所钟爱的款式。传统的西式套装是经典风格的典型代表。造型相当规整，线条多分割线，少装饰线。色彩采用中低明度、高纯度的色彩，如藏蓝、酒红、墨绿、宝石蓝、紫色。细节设计多常规领形，衣身多为直身或略收腰形，袖形以直筒装袖居多。由于针织随意舒适和居家运动等特性，用针织服装营造经典风格难度较大，但也是目前针织服装发展的一种趋势，如图4-46、图4-47所示。

图4-46 Bottega Veneta 2016秋冬
（双排扣针织西装，正式也舒适）

五、优雅浪漫风格

优雅浪漫风格是具时尚感和成熟感、外观和品质华丽优雅或浪漫柔和的一种风格。设计上考究精致，廓型以X、A廓型或紧身贴体为主，内部线以公主线、省道、腰节线为主。局部处理别致细腻，如波形褶、花边领、丝带、刺绣等。色彩典雅，多用纯度低的紫色调、咖啡色调、中性色等，表现优雅脱俗的形象。可添加质感好的材质，如天鹅绒、塔夫绸、雪纺绸、丝绸、巴厘纱和薄棉布纺等。配饰娇柔女性化，如珍珠、宝石和蝴蝶结，如图4-48～图4-51所示。

图4-47　Sonia Rykiel　2012
（合体套装用针织演绎，不对称门襟的设计带来变化）

图4-48　Balmain　2017春夏
（高贵的金银黑色和流畅的线条，成熟华贵的形象）

图4-49　Roccobarocco　2015秋冬
（银色系的短小针织毛衣和大A裙贵气优雅）

图4-50　Philosophydi Lorenzo Serafini　2015秋冬
（白色针织披风和雪纺衬衫搭配优雅）

图4-51　Ryan Lo　2016春夏

六、前卫风格

前卫风格的针织服装设计深受波普艺术、普普艺术、抽象艺术、超现实主义、解构主义等艺术风格的影响，打破传统古典意味的和谐、协调的规律，追求奇特，富于幻想，展现标新立异、叛逆刺激的形象，是张扬个性的服饰风格。服装线形变化较大，强调线条、色彩、面料肌理的对比。不遵循传统的廓型设计，结构变化多以不对称形出现，局部设计夸张。运用奇特的材质，装饰手法无所限制，如毛边、破洞、补丁、花边、金属贴片、铆钉等。面料上多采用奇特新颖、时尚刺激，色彩不受限制。服饰品通过夸张和打破常规思维的创意手法，展现强烈大胆的服饰视觉效果。针织的脱散性和卷边性经常用于前卫风格的设计中，如图4-52、图4-53所示。

图4-52　Alexander McQueen作品

图4-53　Vivienne Westwood　2016春夏

（不成型的针织衣片、破洞、色彩混杂）

七、民族风格

民族风格的含义非常广，包含了世界各民族的服饰，以民族服饰为蓝本，借鉴中西各民族服饰的款式、色彩、图案、材质、装饰，结合现代人的审美意识、新材料和流行色。中国风格、日本风格、波希米亚风格、非洲风格、印第安风格、西部牛仔风格等每种民族风格都有其代表服饰和特点，俄罗斯的波浪褶裙，印度的珠绣和亮片，摩洛哥的皮流苏和串珠等，如图4–54～图4–56所示。

图4–54 Leonard 2014秋冬
（日式风格）

图4–55 Kenzo 2004
（中国特色的大花图案和斜襟，融合粉红、热裤、北欧毛线帽、细长围巾，形成少女味的时尚中国风）

八、都市风格

都市风格服饰大方简练、干净利落、具有现代感。造型简洁，线条不烦琐。色彩简单明快，多用黑白灰中性色系，如图4–57～图4–59所示。

九、乡村风格

田园乡村风格从大自然和乡村生活方式吸取灵感，包括T恤、牛仔衣、毛衣、衬衫等，平底鞋、木制饰品等服装，款式造型较为自然、简朴，廓型随意线条宽松，不需要烦琐的装饰和人为的夸张，色彩接近自然本色如白、绿、咖啡色等。针织服装是构成乡村风格主要服装种类之一，容易营造温暖舒适的感觉，如图4–60～图4–62所示。

图4–56 BDBG Max Azria 2016春夏
（针织服装的扎染图案带出民族风）

图4–57 Marcode Vincenzo 2015秋冬
（紧身针织连衣裙黑色从前中向侧缝渐变为白色，红色的领线调和单调的都市风格）

图4-58　Louis Vuitton　2017春夏
（右腰的带扣带给右侧衣身的放射性旋律，
色调冷静，款式简洁）

图4-59　Son Jung Wan　2016秋冬
（合体或紧身高领毛衣是都市风格
秋冬系列的必备款）

图4-60　Trussadi　2016秋冬
（驼色调的开襟毛衣搭配衬衫、长筒靴、
毡帽，乡村气息浓厚）

图4-61　Yamamoto作品

图4-62　Kaffe Fassett作品正背面

和机织服装一样，针织服装风格分类还有很多，比如朋克服饰风格、解构主义服饰风格、超现实主义服饰风格、后现代主义服饰风格、前拉斐尔派艺术服饰风格、20世纪初期苏联服饰风格、波普艺术服饰风格、欧普艺术服饰风格、极限主义服饰风格、迪斯科服饰风格等，都可以根据各自的风格特点进行元素提炼，进行针织服装设计。

第四节　针织服装款式设计

如同机织服装设计一样，针织服装设计先有一个设想，然后选择题材，收集资料，确定主题和风格，进行构思。构思出服装最初的形态仅是设计的开始，还需进行初步设计到最终定稿等一系列的工作。一般针织服装设计的顺序是先设计外轮廓，确定总体的形，再设计内轮廓，细化局部的构造。然后经过结构、工艺处理后才能成为具体的服装。在此过程中，通过组织结构、色彩的构想（配色和图案）、材料的选用（纱线和其他材质）、结构规格尺寸的确定以及编织工艺、缝制工艺的制订等周密严谨的步骤来完善构思。最终设计的效果还需看穿着后的整体形象的反映。

一、廓型设计

针织服装外形轮廓常常决定设计的整体风格，外轮廓一旦确定下来，细节的处理很难改变风格的大方向，所以总廓型的构思异常重要。外轮廓是指物体的外围或图形的外框，界定一个形体周围的边缘线，可以区分一物体与另一物体的界限关系。它也是一个物体大概的形，体现该物体的概貌，一定程度上显示其构造感和量感。结构线是塑造廓型的基本手段之

图4-63 Vionnet 2015秋冬

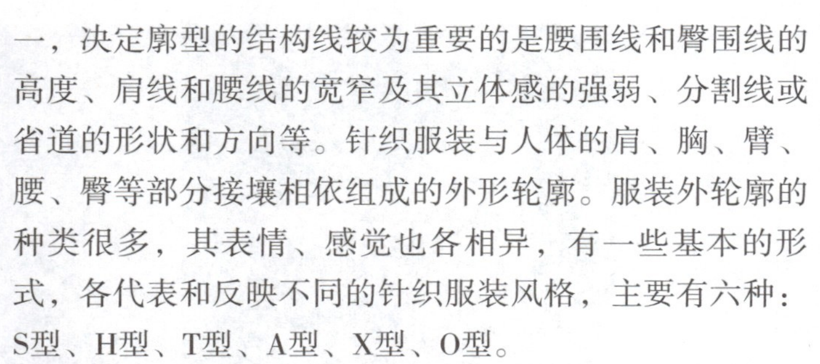

一，决定廓型的结构线较为重要的是腰围线和臀围线的高度、肩线和腰线的宽窄及其立体感的强弱、分割线或省道的形状和方向等。针织服装与人体的肩、胸、臂、腰、臀等部分接壤相依组成的外形轮廓。服装外轮廓的种类很多，其表情、感觉也各相异，有一些基本的形式，各代表和反映不同的针织服装风格，主要有六种：S型、H型、T型、A型、X型、O型。

S型紧身贴体，突出人体线条，是针织服装最常用及特有的廓型。不需要省道和分割，是机织服装形成不了的服装形态，是针织的弹性和适型性的完美体现，如图4-63～图4-65所示。

H型是针织服装常用廓型之一，上下平直，无腰身，缺少线条变化，强调直线、简洁、安详、庄重。法国设计师迪奥于1954年秋推出的款式体现了这种风格，其特征为修长、平直，用腰带暗示H型的中央横线，如图4-66～图4-69所示。

图4-64 Julien MacDonald 2014秋冬

图4-65 Sibling 2017春夏

T型也称V型，呈倒三角形状，宽肩窄腰，窄臀。强调肩部，具有阳刚挺拔的感觉，如图4-70～图4-73所示。

A 型上身较弱，重量在腰部以下，呈上窄下宽，裙边展开，胸部衣身不大。整体感觉生气蓬勃，潇洒活泼，充满青春气息，于1995年春由法国设计师迪奥率先推出。由于针织的重

图4-66　Marques Almeida　2016秋冬，宽松H型

图4-67　Prabal Gurung　2016秋冬，合体H型

图4-68　Stella Jean　2017春夏，修身H型

图4-69　Rag & Bone　2016春夏，上衣下裙组成H型

图4-70　Sandra Backlund，T型

图4-71　Gucci　2016秋冬，T型

图4-72　Christian Siriano　2016秋冬，T型

图4-73　Delpozo　2016早秋，T型

量和悬垂性，向外扩张的廓型不太常见，需要其他材料支撑辅助，如图4-74～图4-77所示。

X型贴合女性身体曲线，强调腰部的曲线，充分体现女性苗条妖娆、婀娜多姿的体态美

图4-74　Daks　2014秋冬，A型

图4-75　Jean Paul Gaultier，A型
（颠覆传统阿兰针织工艺，创新传统绞花设计）

图4-76　Thom Browne　2016秋冬，A型

图4-77　Chloe　2015秋冬，披风形成A型

感。沙漏线型，肩部较宽裙身直；上贴下散线型，臀线以上紧身，裙摆开散，如图4-78～图4-81所示。

图4-78　Fausto Puglisi　2016秋冬，X型

图4-79　John Rocha　2012秋冬，X型

图4-80　Ashley Williams　2015秋冬，X型

图4-81　Tomas Maier　2016，X型

O型，气球型、蛋形皆属此类廓型。整体造型中间膨大、浑圆、隆起，上下揣口收紧，状如纺锤、气球，感觉松紧结合，活泼有趣，如图4-82 ~ 图4-85所示。

图4-82　Daniela Gregis　2016春夏，O型

图4-83　Victoria Beckham　2016秋冬，下身裙子呈O型

图4-84　Issey Miyake　1985，O型，贝壳外套

图4-85　Sportmax　2016秋冬，O型

由上述五种基本造型还派生出诸如郁金香型、贴体型、纺锤型、吊钟型、膨胀型、火箭型等各种造型。

二、细节设计

针织服装细节设计指针织服装的内结构设计，包括结构线设计和部件设计。针织面料的弹性无须省道就可符合人体体型，所以内结构设计相对简单。针织服装部件常指与针织服装主体相配置和相关联的，突出于服装主体之外的局部设计，如领、袖、口袋、门襟和下摆等。

（一）内结构线设计

针织服装的内结构线包括分割线、褶裥、装饰线以及组织结构形成的线等，其内容在造型元素线的部分进行了阐述。

（二）部件设计

针织服装部件设计变化丰富多样，是针织服装上兼具功能性和装饰性的主要组成部分。除了领、袖、口袋之外，还涉及门襟、下摆、肩等部位。通过巧妙的构思和设计，部件可成为针织服装中极具装饰性和艺术表现力的部分。

1. 领部设计

衣领是最接近人头部的服装部件，所以在服装造型中最容易成为视觉的焦点。领的造型对人的脸型和脖子的长度影响较大，起到修饰和弥补的作用。领部设计必须以人体颈部结构为基准，参考四个基准点：颈前中点、颈侧点、颈后中点和肩端点，如图4-86所示。领子的构成因素有：领线形状、领座高低、翻折线形态、领外边线和领尖形状等。其中，领线是指领围线或者衣领和衣身缝合的线；领座是单独裁剪然后缝制在领子和衣身之间的一种领部件；翻折线是领子外翻的翻折线，如图4-87所示。针织服装的领子可从领口拾取线圈直接编织形成，也可单独编织再与领口缝合。针织服装常见的领型有各种领线领、樽领、侧开纽领、大翻领、燕子领、围巾领、连身领、卷边领等。

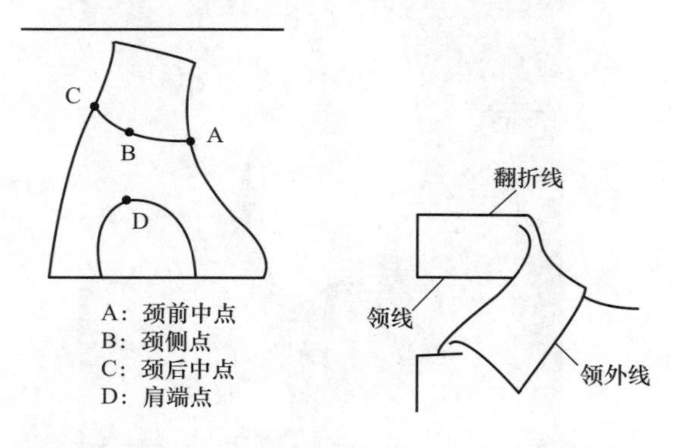

图4-86 衣领设计的基准点　　图4-87 衣领结构图

（1）领线设计。领线设计指对于直接以领围线造型作为领型的无领设计。其设计主要根据开口大小和形态变化。领线形状主要有圆形、方形、V形、鸡心、船形等，可在此基础上进行丰富的形状变化。针织服装领线除了罗纹之外，还可采用多种工艺和装饰手法丰富整体设计，如包边、绲边、嵌边、装饰花边和牙边、钉珠绣花等。如图4-88～图4-91所示。

（2）衣领设计

立领设计：立领是立在脖子周围的领型，只有领座，没有领面。领座造型分为两类，一是竖直式，远离颈部；二倾斜式，倾向颈部。立领有开口和闭口之分，开口部位可分为前开、侧开和后开；闭合立领是针织服装的优点体现，不需要开口，针织面料的弹性足够人体头部自由出入。其外边线形状可根据设计进行创新构思，形成卷边、荷叶边和层叠形等。立

图4–88　Bouchra Jarrar　2012 ~ 2013秋冬
（圆领，通过白色条纹和斜椭圆形镂空形成了服装的视觉中心）

图4–89　Sibling
（V领，与袖窿、下摆、袖口、脚口用蓝黑白条纹相互呼应，突出线元素的设计）

领可以和衣片连裁，即连身出领，如图4–92 ~ 图4–94所示。

翻领设计：翻领是领面外翻的领型，分有领座和无领座两种。翻领的领边线根据领面宽度造型和领尖形状进行丰富变化，可以添加钉珠绣花、镂空、花边和包镶滚边等装饰效果，也可以利用面料材质或色彩的不同进行对比强调。还可以和帽子相连，形成连帽领。设计注

图4-90 Sonia Rykiel 2013早春

（V领设计的变化，机器编织V领时不剪断中间的连接浮线）

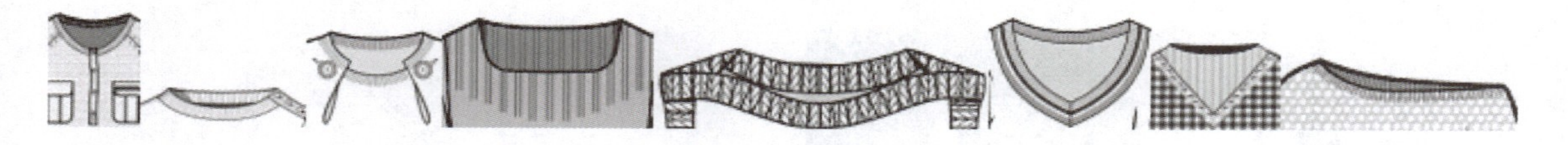

图4-91 领线设计款式图

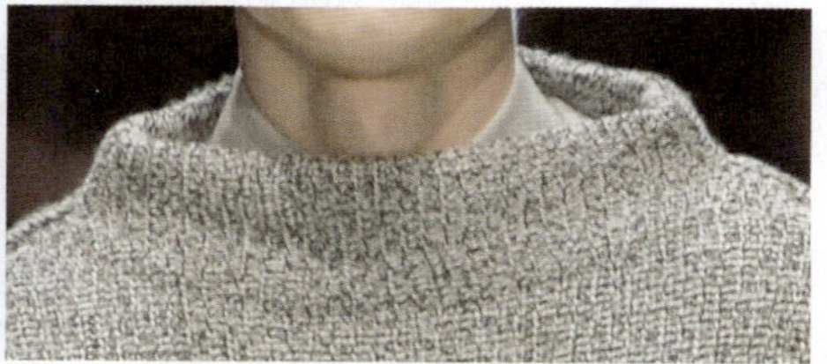

图4-92 Canali 2015秋冬

（远离颈部的立领，茧型上衣，时尚简洁）

图4-93　Chanel　2015早秋
（小荷叶边的多色组合立领，前中装饰宝石，繁复华丽）

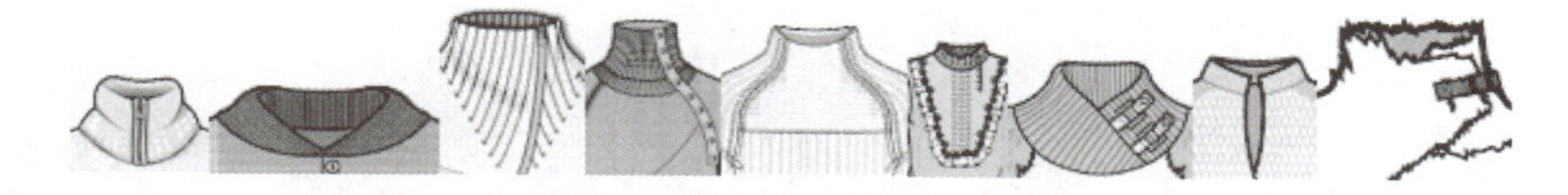

图4-94　立领平面款式图

重领面的大小宽窄、领外边线和领尖的形状，还可通过变化领线开口获得丰富的款式。翻领可设计为单层或多层领面，可添加各种边饰和装饰。如图4-95～图4-97所示。

图4-95　Miu Miu　2016秋冬
（小荷叶边的针织大翻领针织开衫，改款燕尾服，结合女性和男性的造型）

图4-96 BCBG Max Azria 2016秋冬
（针织服装常用的领型之一，斜大翻领，盖住肩部）

图4-97 平领平面款式图

驳领设计：驳领结构较为复杂，包括领座、翻折线和驳头三部分。驳头是和衣领相连、并向外翻折的衣身部分，其长短、宽窄和方向是主要的变化因素，如驳头向上为枪驳领，向下是平驳领。驳口是驳头和驳领接口的部位，无驳头的驳领如围巾领和青果领是针织服装常见领型。驳领的外轮廓线可以采用椭圆形、立体形和尖角等形状，如图4-98～图4-100所示。

2. 衣袖设计

衣袖设计包括袖子和肩部的造型设计，结构上包括袖窿和袖子两个部分。袖子有多种分类方法，一般按照绱袖方法分为装袖、插肩袖、连身袖和无袖；按裁片数量分为一片袖、两片袖、多片袖等。对于针织服装而言，常规的肩型和袖型变化具有一定规律，一般分为五种（广东地区行业术语），如图4-101所示：直夹直肩型，其主要变化是领型、花色以及组织结构；入夹型，属于仿人体肩部结构的造型，其主要的变化除了领型、花色以及组织结构外，肩斜形式，如后肩收花等；弯夹（西装夹）型；尖肩型（斜袖型）牛角袖，其工艺要求比较多；马鞍肩型，一般出现在男装上。针织服装形成袖窿和袖山头的特有工艺方式为收花，即通过收针形成辫子图案。由于人体上肢是人体活动频繁、活动幅度的部位，所以衣袖设计必须适合人体以及符合人体活动特征。

图4-98　Roberto Cavalli　2015秋冬（罗纹青果领）

图4-99　Edun　2016早秋
（驳领的衣领部分采用针织，和衣身翻折的驳头形成对比）

图4-100　驳领平面款式图

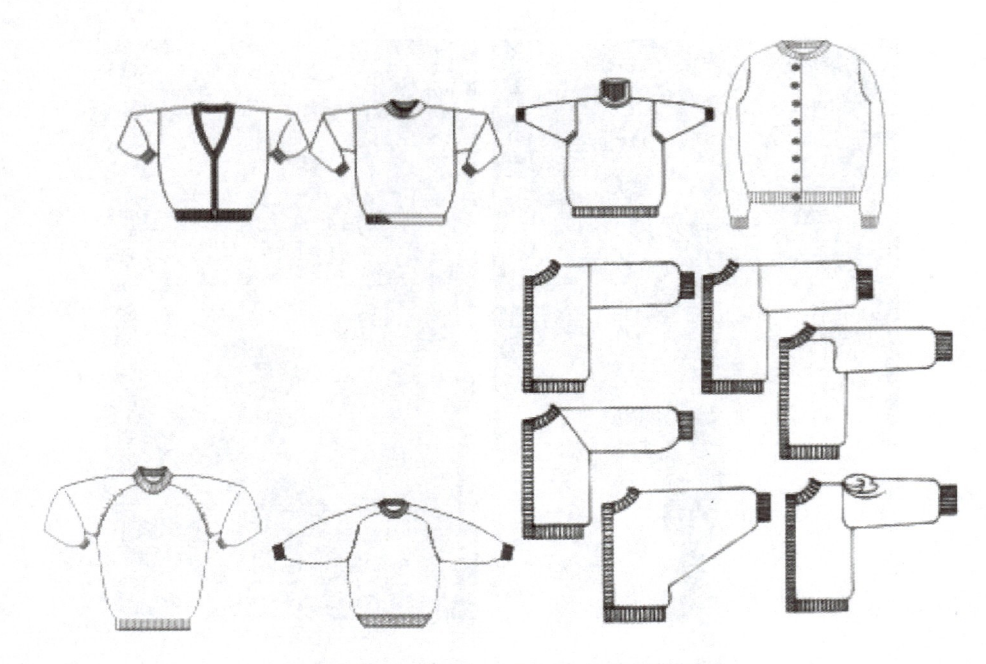

图4-101　五种常见毛织服装肩袖类型

（从左至右：直夹直肩型、入夹型、弯夹型、牛角袖型、马鞍肩型）

（1）装袖。装袖是衣身和袖片分别裁剪，然后在臂根部缝合的袖型。装袖是服装规范中的典型代表，广泛适用多种服装，西装、衬衫等合体服装的袖子均为装袖。可变化出泡泡袖、灯笼袖、喇叭袖和羊腿袖等造型，如图4-102～图4-107所示。

图4-102　Off White　22016秋冬

（流苏常用于针织服装装饰，针织组织结构的肌理感强）

图4-103　Gucci　2016秋冬
（落肩的羊腿袖，衣身图案延续至袖子）

图4-104　Parsons the New School for Design　2016春夏
（超大袖子在袖口收紧，形成下垂袋状）

（2）插肩袖。插肩袖指袖子和肩部相连的袖型。整个肩部至领围线被袖子覆盖的为全插肩袖，覆盖部分肩线的为半插肩袖。插肩袖和衣身缝合的拼接线是变化设计的关键，可使用直线、折线、曲线和波浪线等线型。插肩袖设计时需考虑人体活动的需要，必要时在腋下

图4-105 ZoeJordan 2016秋冬
（袖子在肘部分割镂空，罗纹组织弹性贴体）

图4-106 Cristina Ruales 2016秋冬
（盖袖和立领、下摆采用同一罗纹组织）

加插片。插肩袖常见于毛衫、运动服和大衣等服装，如图4-108～图4-112所示。

（3）连身袖。也称连裁袖或和服袖，是从衣身直接延伸，没有进行单独裁剪的袖型。肩部平整圆顺，腋下呈现柔软衣褶，宽松舒适，工艺简洁。多见于东方民族传统服装、家居

图4-107　装袖平面款式图

图4-108　Bill Blass　2012早秋
（礼服采用插肩袖设计，袖山抽褶，柔化插肩袖的男性特质）

图4-109　Son Jung Wan　2015秋冬
（分割为上下的插肩袖，材质和衣身不同）

图4-110　Juun　2017春夏

（加长的马鞍肩袖用绳带进行装饰）

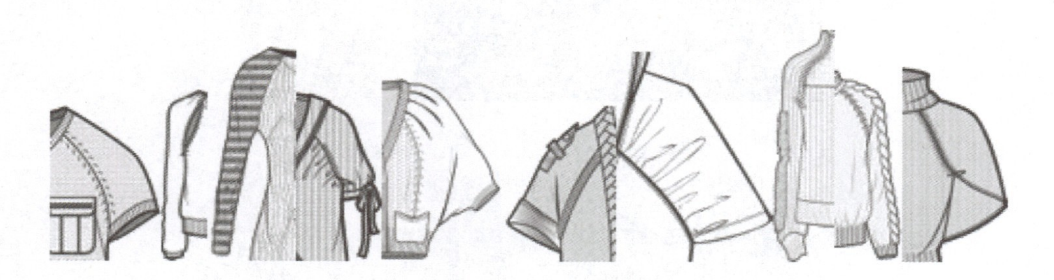

图4-111　牛角袖平面款式图

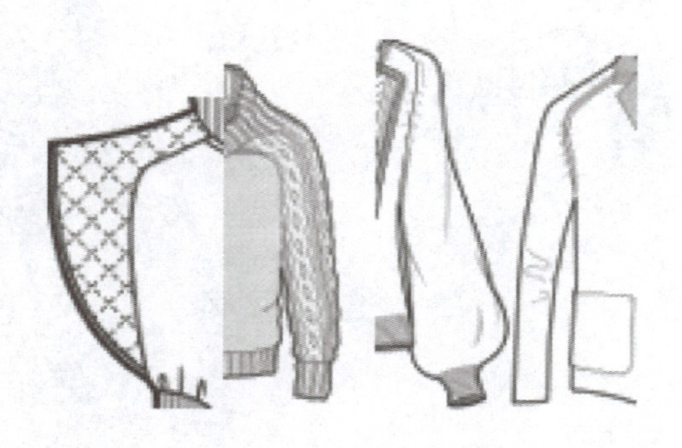

图4-112　马鞍肩袖平面款式图

服和婴儿服装。也可通过省道、褶裥、袖衩等辅助设计塑造出接近人体的立体形态，如图4-113～图4-116所示。

（4）无袖。指衣身袖窿边线造型就是袖子造型的款式。无袖的款式变化主要体现在肩

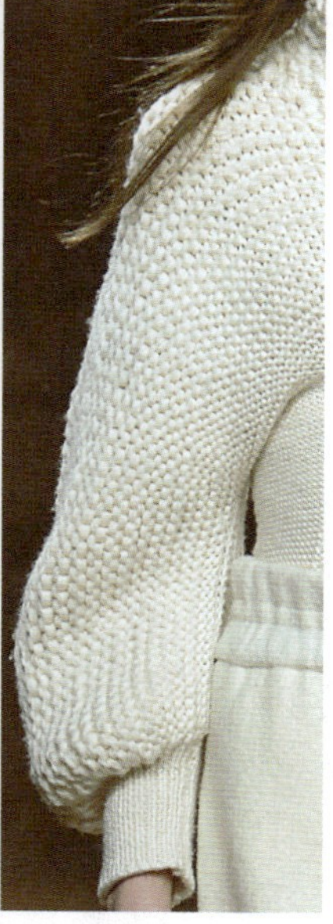

图4-113　Christian Wijnants　2013秋冬
（针织连衣袖在腋下前胸处形成曲线折痕）

图4-114　Balenciga　2014秋
（变化的连衣袖，材质拼合，渐变水晶装饰）

图4-115　Issey Miyake　2010秋冬
（无袖和连身袖的混合）

图4-116　连衣袖平面款式图

线的高低，肩线以上形成背心造型，肩线以下形成落肩造型。袖窿的深浅设计尤为重要，过深不雅观，过浅卡住腋部，如图4-117～图4-119所示。

袖型设计中，袖身、袖山和袖口的组合产生不同的袖型和风格。袖型和肩部形态密切相关，肩位的高低对服装轮廓和袖型变化具有一定影响，自然肩的特点是衣服肩部倾

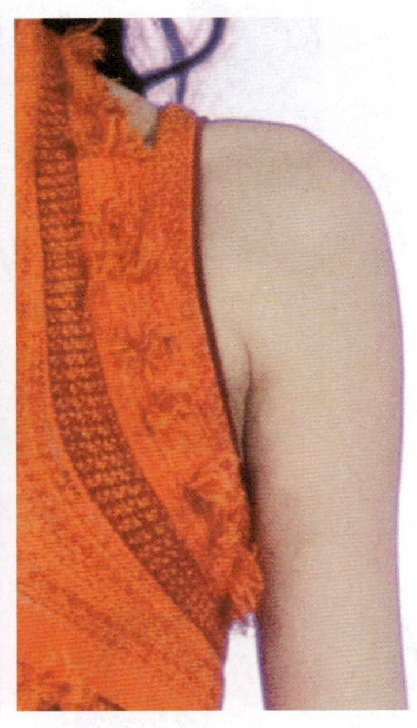

图4-117 Mark Fast 2014秋冬

图4-118 Esteban Cortazar 2017春夏

图4-119　无袖平面款式图

斜适度，耸肩型的服装采用内衬垫肩或增加袖山体积形成，溜肩型服装通过延长肩缝线的方法实现。袖山上可采用省、裥和褶形成丰满或立体感的袖头，如图4-120～图4-122所示。

图4-120　Ladefoged　2010秋冬
（蝴蝶系列，肩部成圈的针织条带）

图4-121　Sandra Backlund　2009秋冬
（Control系列，抬高袖头，与樽领形成波浪弧线）

图4-122　Monica YT Huang
（立体构成的袖头设计）

袖身是袖子中间部位，包括长短和肥瘦特征。根据肥瘦分为紧身袖、直筒袖和膨胀袖；按长短分为长袖、七分袖、中袖、短袖等，如图4-123所示。

袖口的大小、长短和形状变化丰富，按大小可分为收紧式、合体式和开放式。收紧式的袖口可采用罗纹、松紧带、抽带和袖衩等方式实现，开放式的袖口敞开形成喇叭状。袖口还可根据位置和形态变化分为外翻式袖口、克夫袖口和装饰袖口等。育克设计如图4-124所示。

3. 口袋设计

口袋是服装的主要部件之一，不太受人体结构影响，其变化可通过位置、形状、大小、材质、色彩等进行构思设计。实用性口袋的长度由手长决定，最小宽度由手宽决定。功能性口袋考虑分隔设计、口袋数量和用途等。从结构特点分为贴袋、挖袋和插袋三大类。此外，

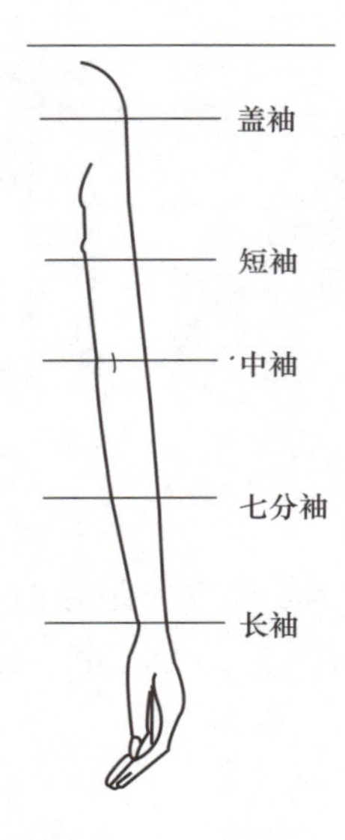

图4-123　袖子长度

图4-124　育克设计

还有纯装饰性的假袋和装在服装反面的里袋等。

（1）贴袋。贴袋是袋型完全外露的口袋，附着在服装主体之外。分为平面贴袋、立体贴袋、有盖贴袋和无盖贴袋等。比如口袋加褶裥以加大容量的方式多见于军装和猎装，中山装的立体贴袋也具有同样功能。贴袋之上还可附加各种装饰，如拉链、绣花、印花和贴花等。贴袋样式繁多，设计自由，需要注意是和服装整体风格统一，如图4-125～图4-127

图4-125　Mark Fast　2013

（网状的贴袋、下摆和其他部位形成疏密对比的肌理效果）

图4-126　Miharayasuhiro　2015秋冬
（贴袋和其他组织结构的块面一起构成组织结构拼接主题）

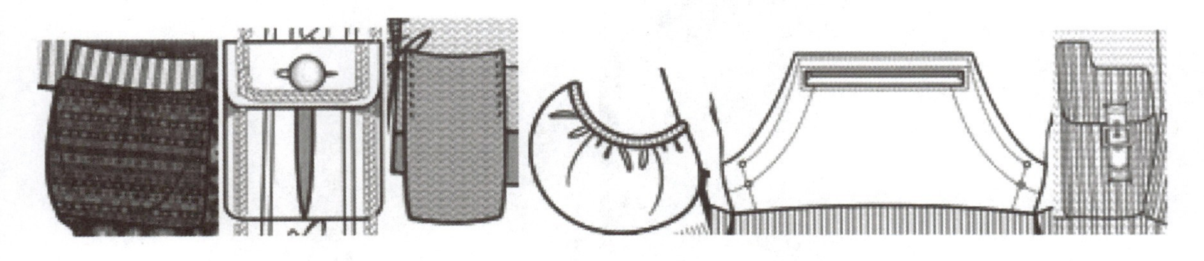

图4-127　贴袋平面款式图

所示。

（2）挖袋。挖袋是在服装表面，剪开面料，形成一定宽度的开口，再从里面衬以袋布，然后在开口处缝合固定的口袋。根据嵌条分为单开线挖袋和双开线挖袋，或分为有袋盖和无袋盖两种。挖袋设计只有在袋口处进行线型的变化，以及进行横、竖、斜等排列。常见如西装的口袋，如图4-128～图4-130所示。

（3）插袋。插袋是指在服装接缝处留出口袋位置，内衬以袋布的口袋。如西裤两侧的插袋，通过袋口处的装饰如刺绣和包边等丰富设计，如图4-131～图4-133所示。

4. 门襟和下摆设计

门襟变化丰富，有对称或不对称、闭合或敞开、半开襟或全开襟、暗门襟或明门襟、单排扣或双排扣、斜襟或直襟，按开襟部位可分前开襟、后开襟、肩开襟、腋下开襟等。设计时考虑门襟对衣身形成的分割。针织服装门襟通常采用满针罗纹、2+2罗纹、1+1罗纹、畦

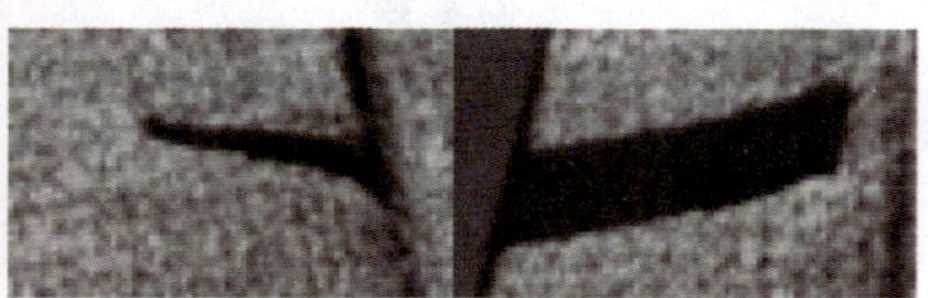

图4–128 Junya Watanabe 2015秋冬
（西服的三个袋子均为挖袋，以黑色突出显示）

图4–129 Miu Miu 2017早春（假挖袋）

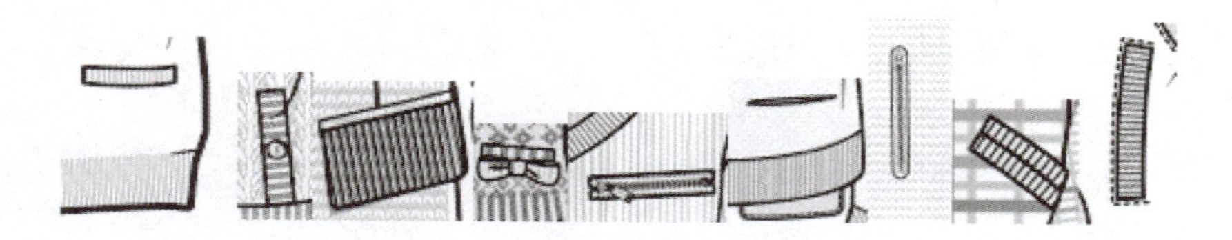

图4–130 挖袋平面款式图

图4-131　Chanel　2015秋冬

图4-132　Libertine　2016秋冬

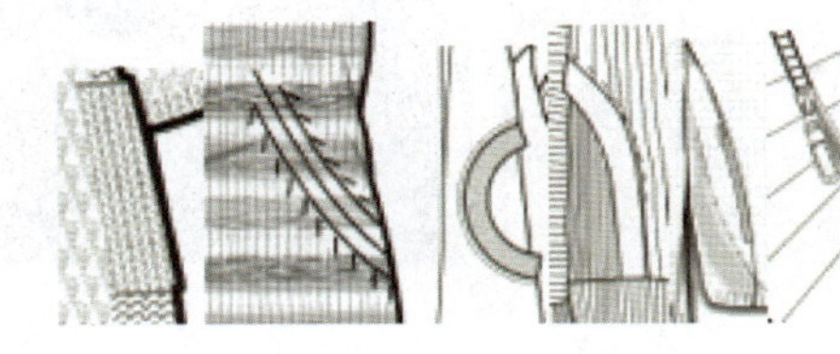

图4-133　插袋平面款式图

编、波纹和提花等组织结构，如图4–134～图4–137所示。

下摆按工艺可以分为三种：直边，采用罗纹、三平组织、四平组织、纬平针和纱罗组织等；折边，将底边的织物折叠成双层或三层，然后缝合而成；包边，针织服装边缘可以采

图4–134　Allude　2013秋冬

（斜门襟取形中国传统服装元素）

图4–135　BouchraJarra　2012秋冬

（不对称门襟，严谨的制服组扣门襟和围绕脖子至腰部的曲线门襟构成对比）

图4–136　Miharayasuhiro　2015秋冬
（围巾和门襟的结合）

图4–137　门襟平面款式图

用罗纹，设计成扇形、三角形或波浪等形状，也可添加流苏和蕾丝花边等。装饰性边缘给针织服装提供了多样化的边摆处理方式，常用形状是V型、箱型、插片或抽带成灯笼型。机器编织的花边可结合到缝骨，或者增加边摆的整理效果；也可以拾取边摆的线圈，编织的门襟和下摆。边缘可采用机器编织、手工编织、钩编和装饰成品。手工编织和机器编织易于结合。采用转移工具，手工编织简单地转为机器编织；机器编织线圈也易于转移到棒针，再进行手工编织。门襟和下摆的工艺和装饰手法多种多样，需考虑服装整体风格的统一，如图4–138～图4–143所示。

5. **系结物设计**

连接方式包括了使人体方便穿脱服装的服装开合方式，袋盖、袖衩等的部件开合方式，以及调节服装宽松度的松紧方式。服装的连接方式设计纽结、拉链、魔术贴、绳带等。纽结种类多样，包括纽扣、按扣、盘扣、钩扣、襻带等；拉链变化丰富，有金属拉链、塑料

图4-138　针织花边

图4-139　Ashley Smith作品
（交叉编织的下摆）

图4-140　Philip Lim　2016春夏
（双层下摆，荷叶边，不规则）

图4-141　Toga　2016秋冬
（不完整的下摆）

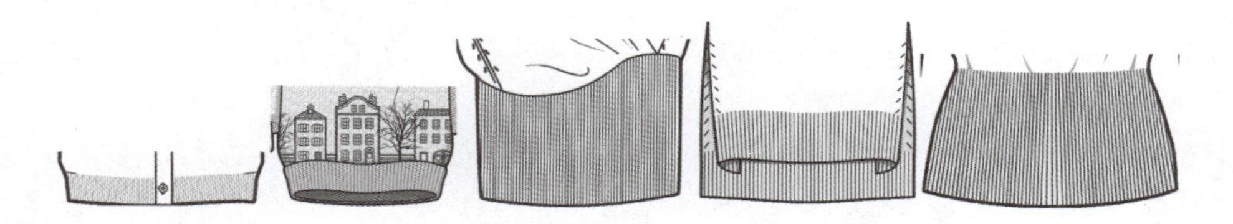

图4-142　罗纹下摆平面款式图

图4-143　下摆平面款式图

拉链、尼龙拉链、单头拉链、双头拉链等；魔术贴也称粘扣或子母扣，由钩面和圈面组成，色彩、宽度、规格较多；绳带包括松紧带、尼龙带和布带等，有弹性、宽窄和色彩的区别。服装的连接方式除了在服装上起连接作用之外，也常强调其装饰性，如图4-144～图4-147所示。

图4-144　Sacai　2017春夏
（拉链将分割的前片和侧片连接）

6. **下装的部件设计**

下装包括裤装和裙装，具体设计部件包括腰头、裆部和裤腿裙型等。腰头是下装设计的重要部位之一，腰头的宽窄、形状、省道褶裥以及工艺直接影响下装的外观效果。腰头按照高低分高腰设计、中腰设计和低腰设计；按照是否与衣片相连分为连腰设计和绱腰设计；可以使用纽扣、拉链、松紧带和抽带等辅料设计。裆部是区别男女性别的关键部位，男女裆部形态具有松紧适度之分。虽然裆部对裤子的舒适度和活动量具有决定

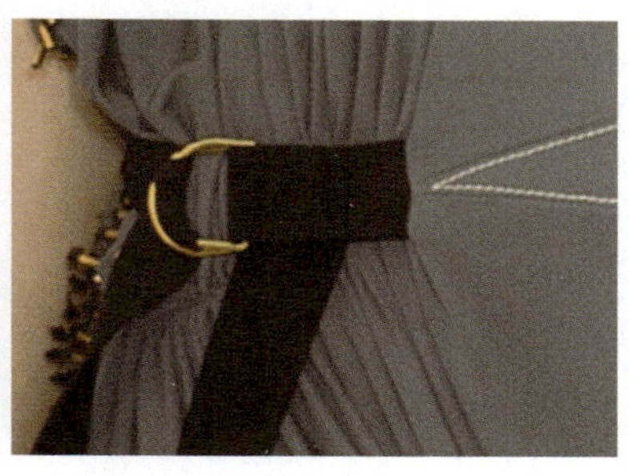

图4-145　Louis Vuitton　2017春夏
（右腰侧金属扣环和黑色条带的系结，衣身形成褶皱，构成视觉中心）

图4-146 Victoria Beckham 2015春夏
（绑鞋带的侧缝设计饶有趣味）

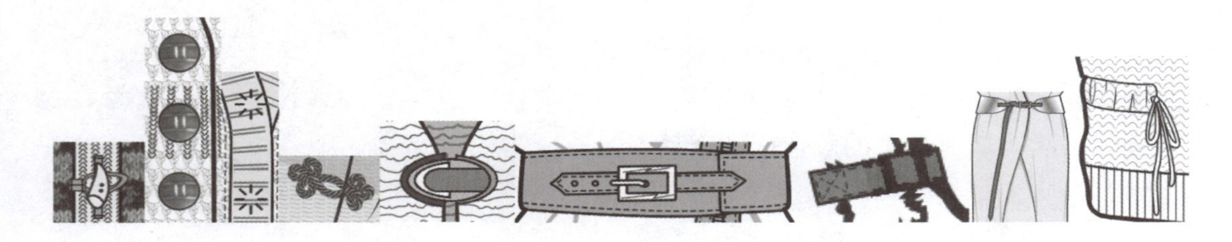

图4-147 系结物平面款式图

性意义，但是随着流行的变化，上裆的变化会呈现不同的形态，表达不同的服装语言。缩短裆长的设计具有时尚感和性感，低垂的裆部甚至到小腿部位体现先锋流行。对裤子外观形态影响最大的还是裤腿的设计，包括裤筒的形状、裤脚的肥瘦和长短以及装饰手法。直筒裤、喇叭裤、萝卜裤形象地比喻了裤腿的造型，在此基础上可以进一步夸张设计。裤脚还可以进行贴边、毛边、翻边、装饰花边和松紧带等处理，以及进行带、链、扣、钉等设计，如图4-148、图4-149所示。

7. 装饰设计

利用好部件、细节、装饰物是针织服装设计创新的捷径。针织服装装饰手段多种多样，有连帽、镶边、开衩、荷叶边等结构；利用流苏、拉链、纽扣、盘扣、肩带、抽带、系带等物件；钩花、刺绣、蕾丝、绣花、钉珠、烫钻、贴花、扎花、植绒、簇绒、印花、扎染和手绘等工艺，如图4-150～图4-152所示。

图4-148　Joseph　2015早秋
（袖子形式的腰部设计）

图4-149　Maison Margiela　2016秋冬
（裤腿缝骨外露）

图4-150　Edun　2016春夏，流苏

图4-151　Parsons the New School for Design　2016春夏，针织荷叶边

图4-152　Libertine　2016春夏，贴花和绣花

练习与实践

1. 请收集针织服装照片，分析其形式美法则和设计风格，再综合运用形式美法则进行系

列针织服装设计。

2. 请综合运用点、线、面、体四个造型要素设计一个系列针织服装。

3. 请根据针织服装细部分类，分别进行针织服装的衣领、袖子、口袋、门襟和下摆、系结物以及下装的设计。

理论与实践——

针织服装色彩及图案设计

课题名称： 针织服装色彩及图案设计

课题内容： 1．针织服装色彩设计

2．针织服装图案设计

课题时间： 6课时

教学目的： 通过设计练习及实训，综合运用前面章节所学内容，验证色彩图案等设计知识与针织服装的关系，为后续章节打下基础。

教学方法： 1．实验法，进行实验性的创造设计，强调创新意识。

2．开拓启发，不断加入新设计思维、新技术和新工艺。

3．项目法和作品交流。

教学要求： 掌握针织服装各类配色方法，熟悉针织服装图案的实现形式。

第五章　针织服装色彩及图案设计

第一节　针织服装色彩设计

色彩是服装设计的三个要素之一。不同历史时期、不同地域和不同的针织服装风格具有不同的色彩特征和基本倾向，体现设计者的感情、趣味、意境等心理。进行针织服装的色彩设计，必须根据针织服装风格，了解消费者心理，运用色彩知识进行色彩的选择和组合。

一、色彩基础

色彩具有三大属性：色相、明度、纯度，任何一个要素的改变都将影响色彩的原来面貌。

色相是色彩的最大特征，是色彩相貌的名称。比如，红、橙、黄、绿、青、蓝、紫等，这七种色是标准色，各有其相貌，如图5-1所示。

纯度又称彩度、饱和度、鲜艳度或灰度等，指色彩的纯净程度。纯净度越高，色彩纯度

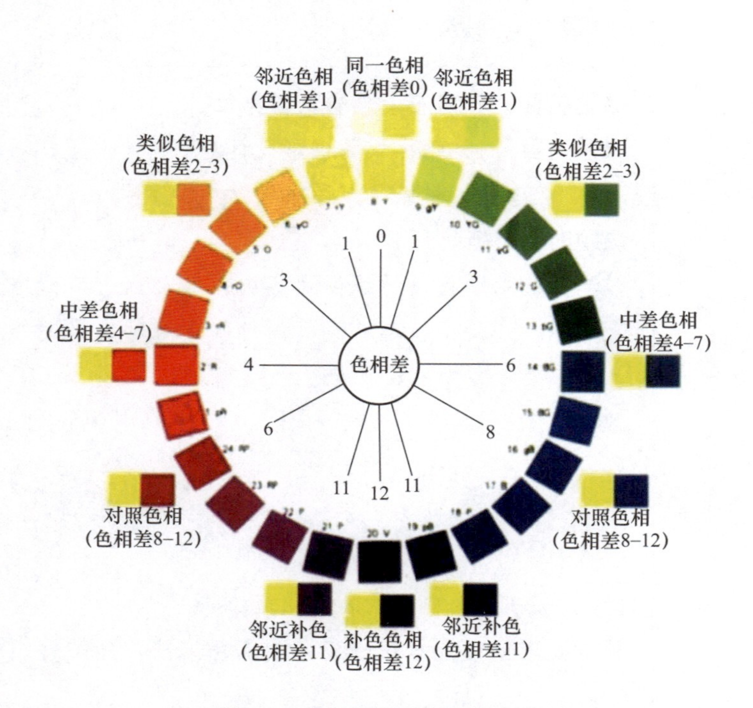

图5-1　色相环及色相配色方法

越高；反之，色彩纯度越低。当一种色彩加入黑、白或其他颜色，纯度就发生变化，加入的颜色越多，纯度越低。

明度又称深浅度，指色彩的明亮程度，常以黑白之间的差别作为参考依据。不同色相之间明度不同，如黄色明度最高，蓝紫色明度最低；同一色相加上不同比例的黑色或白色混合，明度会产生变化。

二、针织服装色彩设计

服装配色包括服装自身色彩和服饰的色彩，两者共同构成服装色彩的整体印象。针织服装的色彩设计首先从纱线色彩开始，组织结构的肌理对整体外观色彩的影响也应考虑在内。针织服装色彩要与款式、材料、功能、审美等方面统一协调。针织服装有多种配色方法，下面介绍比较简单基础的配色方法：同一配色、类似配色、对比配色、补色配色以及无彩色参与配色等，如图5-2所示。

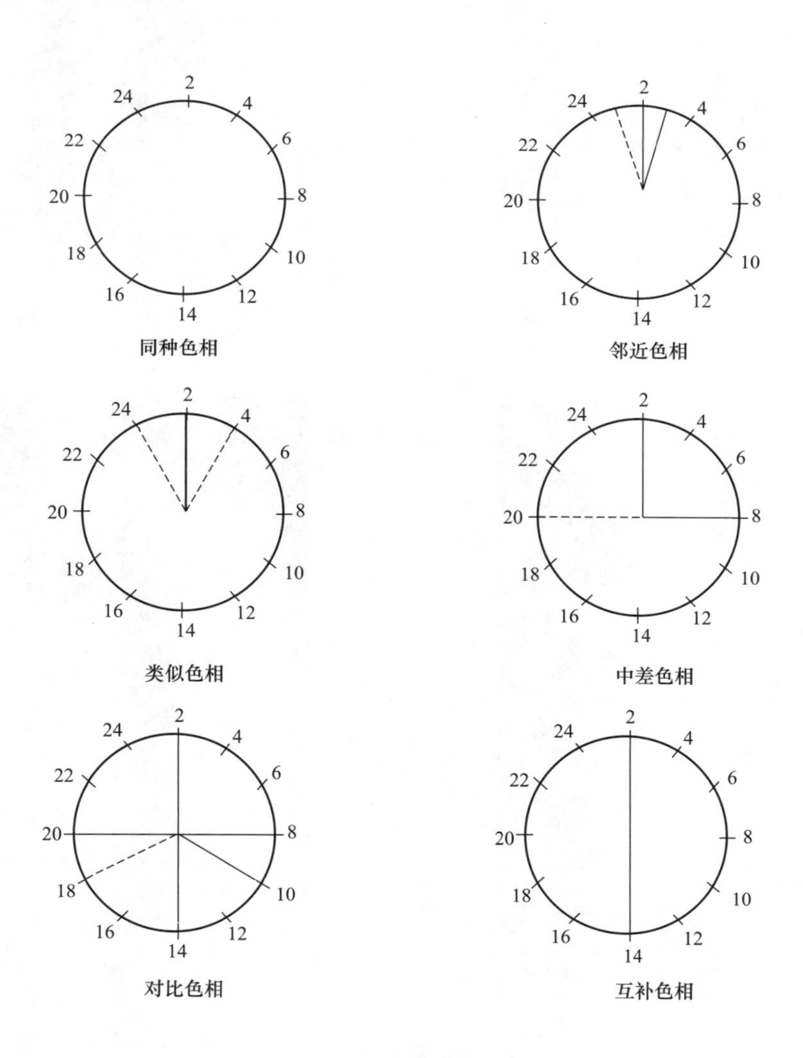

图5-2　六种程度的色相对比

1. **同一色配色**

同一色是指色相相同，不同明度和纯度的颜色，如深红、红、浅红；深蓝、蓝、浅蓝；深黄、黄、浅黄等。同一色配色特点是单调统一，能取得端庄、沉静和稳重的艺术效果，如图5-3～图5-6所示。

图5-3 Olympia Le Tan 2017春夏
（浅蓝衣身组合蓝色衣袖子）

图5-4 Katie Eary 2015秋冬
（蓝色的深浅变化微妙而丰富）

图5-5 RyanLo 2016秋冬
（红色和桃红色组合）

图5-6 Baja East 2016秋冬
（深浅褐色的优雅变化）

2. **类似色配色**

色相环大约60° 的配色组合，对比较弱，但比同一色和邻近色配色丰富活跃，同时也保持了统一和谐的效果，如图5-7～图5-9所示。

图5-7　AgnesB　2017春夏
（黄色开襟毛衫和绿色皮裙组合，色彩如春天般舒服而又时尚）

图5-8　Esteban Cortazar　2017春夏
（同样的黄色和绿色组合，也可以呈现不同风格款式的服装）

图5-9　Miu Miu　2017春夏
（中低纯度褐色烘托出高纯度红色的肚兜形状）

3. **对比色配色**

色相环大约120° 的配色组合，色相对比较强，所以需考虑色彩的量、位置、面积、明度和纯度等因素，或者加入无彩色减缓对比强度。蓝、红、黄，蓝紫、红橙、黄绿，紫、橙、绿，红紫、黄橙、蓝绿为四组对比色，如图5-10～图5-12所示。

4. **补色配色**

色相环大约180° 的配色组合，属于对比最强烈的配色，具有动荡激烈的效果。黄和紫、蓝和橙、绿和红、蓝绿和橙红、黄绿和红紫、蓝紫和黄橙互为补色，如图5-13、图5-14所示。

5. **无彩色配色**

无彩色配色指黑色、白色、灰色和金色、银色的组合配色，由于不受年龄性别的局限，是应用率最高的配色方法。单一的无彩色搭配，可以利用不同的材质肌理获取丰富的变化，如图5-15、图5-16所示。

针织服装配色还可以采用冷暖法、进退法、轻重法、明度法、纯度法、衬托法、点缀法和呼应法等。针织服装配色时需明确色彩和色调，比如在主色调中加入大面积的邻近色，或灰度不同的同系色彩，产生和谐、柔美的视觉效果；在主色调中加入小面积的互补色，或高

图5-10　D&G　2015秋冬
（黄色和蓝色的组合，提高明度、降低纯度获得少女般柔美的感觉）

图5-11　Kenzo　2014秋冬
（红色和蓝色的组合，对比强烈）

图5-12　Versace　2016秋冬
（同样红色和蓝色的组合，饱和度降低，明度升高，柔和明媚）

图5-13　J.Crew　2016秋冬
（黄色和紫色的互补配色，降低纯度和用灰色减少对比）

图5-14　MSGM　2016秋冬
（绿色毛衣和红色荷叶边及条纹的强烈配色，用黑色平衡）

明度的色彩，产生视觉的张力与冲击力。其次，考虑色彩的应用范围和面积比例。此外，针织服装面料的质感发生变化，色彩就会随之产生复杂的感情倾向；对于材质感特别明显的针织面料，光色与空间对服装色彩的影响也比较强烈，如图5-17、图5-18所示。

图5-15　Katie Eary　2016秋冬
（灰度渐变的毛衣和银色裤子的组合）

图5-16　Prabal Gurung　2016早秋
（黑白灰的组合，用不同的材质肌理丰富细节）

图5-17　M Missoni　2016春
（冷调的多色配色）

图5-18　Red Valentino　2015早秋
（红色为主的暖调配色，黄色和紫色点缀，浪漫雅致）

三、纱线和色彩

纱线的色彩在针织服装色彩中有着特殊的表现。由于纱线纤维的截面形状和表面形态不同，对光的反射、吸收也各不相同，从而直接影响了纱线的色彩表现。同种色彩的纱线，经过丝光处理过后，纱线纤维截面圆润饱满，增强了对色光反射的能力，整体感觉鲜亮；而未经过丝光处理的针织服装，色彩鲜艳度低，具有自然的特点。

纱线的结构变化如纱线的粗细、质感、捻度等，与色彩的色泽效果也有关联。纱线的粗细不同，其色彩效果也不同，所呈现出来的面料风格自然各异。同样棉毛质地的针织服装，染色工艺也一样，但高支棉毛纱细腻、有一定光泽感，色彩非常鲜艳；低支棉毛纱比较粗糙、厚重、暗淡及朴素。纱线捻度大的纱线色彩效果好，具有鲜艳感；捻度小时，使纱线的色彩具有柔和的视觉效果。

段染纱线以及两种或以上的针织纱线同时进行编织时，会产生斑驳的效果。如黑色纱线和白色纱线同时编织，形成花灰色，这是针织特有的配色方法，如图5-19、图5-20所示。

图5-19　Missoni　2015秋冬
（白色纱线和其他色彩纱线混合编织，并呈现模糊的色彩分层）

图5-20　D&G　2015秋冬
（黑白段染纱线编织的毛衣，黑色和白色的线圈可以分开辨认）

四、组织结构和色彩

组织结构因素直接影响针织服装色彩设计，可以通过织纹的变化和色彩的变化，两者结合来丰富针织服装面料风格设计。平针组织、罗纹组织、四平组织的色光细腻，色彩鲜艳；集圈组织、扳花组织、空花组织等色彩厚重，明度及纯度较低。

五、色彩方案

色彩方案根据主题和风格，参考流行色进行设计。制作色彩方案时，可通过纱线进行展示。纱线展示的方法有多种，如缠绕在卡纸上、串套在金属环、小股纱线打结等，配上根据色彩灵感收集整理的图片资料。或者色卡展示色彩方案，色卡还可以标注潘东色号。如

图5-21　2013春夏WonderLab针织女装色彩灵感及方案

图5-21所示为夏季流行的亮色：珊瑚、极光黄、鲜绿，结合人造绿松石和薄荷叶构成数码感的水粉审美格调。这些色调以淡紫色、柔和的黄色和天空灰色等柔和色调为基础，并以明快、明亮的白色为亮点。

第二节　针织服装图案设计

不同于机织服装设计受限于面料自身图案，针织服装从纱线开始，结合色彩，可设计形成丰富多彩的图案，如费尔岛图案、北欧针织图案、菱形图案等；或者通过组织结构设计形成花纹，如阿兰花。图案设计手法有简化、夸张、提炼、添加、强调、组合、分解、重构、变异等。条纹的设计详见造型元素中的线设计，北欧图案、费尔岛图案和菱形格设计详见传统针织服装一节。针织图案设计主要有以下几点：图案的大小、图案的形状、图案的位置、图案的数量和图案的组合。

一、针织服装图案分类

按照图案形态可以分为具象图案和抽象图案，具象图案指对已有的具体形象的变形和概括，具象图案可识别度高，如植物、动物、人、自然风景和建筑物等；抽象图案是几何形状以平面构成等方法形成，如波普图案、字体图案等，最经典的是各种几何图形，包括条纹、菱形格和文字图案等，是针织服装最常见的图案，如图5-22～图5-25所示。

图案按照构图形式可以分为单独纹样、连续纹样和群合纹样。单独样式又分单独纹样和适合纹样，单独纹样多用于点缀和填充领口等边角部位；适合纹样多用于前胸和后背等明显

图5-22 Undercover 2017春夏
（模仿纽襻的具象图案）

图5-23 Max Mara 2016春夏
（具象动物图案）

图5-24 Tsumori Chisato 2016秋冬
（彩色条带抽象图案，在下摆处用流苏方式延伸）

图5-25 Missoni 2016秋冬
（万花筒般的色彩和锯齿条纹是品牌的特色）

的部位。连续纹样分二方连续纹样和四方连续纹样，二方连续图案是线性图案，适合服装的领边、袖口和下摆等部位；四方连续纹样则多用在满地图案中。群合纹样是由相同、相近或不同的形象无规律组合，随意生动，如图5-26～图5-28所示。

图5-26　Angelo Marani 2016秋冬
（左肩到胸部和袖子的单独纹样）

图5-27　House of Holland 2017春夏
（费尔岛图案是二方连续的线性图案）

图5-28　Christian Dior　2016秋冬
（佩兹利纹和叶纹的四方连续图案）

二、针织服装图案设计

针织服装设计中图案的大小与图案的密集程度相关联，不同的大小形式带来不同的视觉感受，大图案视觉冲击力强，小而密集的图案清新。单独纹样在空间中心时具有较强的吸引力及扩张感；密集图案组合形成，布局丰富多彩。图案数量越多，图案之间的间距则越小，其层次感也丰富。图案的组合形式包含各个图案的方向、间距以及相互之间的关系，在规整的图案组合中加少量不规则的设计元素，美观协调而又层次丰富。除了单一的图案装饰，还需考虑配套和系列组合设计，配套图案设计是将相似或相同的图案进行联系，组合起来，形成一种固定的装饰效果；系列图案的变化，图案在其中成为纽带作用，让风格既完整又独立。

图案纹样与组织结构和纱线应该相适应，过于丰富的组织肌理和纱线会影响花型图案的表达，越复杂的图案越倾向于选择简单的组织结构，越复杂的组织结构倾向于选择简单的纱线。产业化生产的针织服装图案，一般选择平针结构，大面积的平针结构能够将肌理对图案及色彩的干扰降低到最小，在花色上追求更多设计美感。

三、针织服装图案的实现形式

针织服装图案设计的另一重要环节是工艺表现，直接影响针织服装风格和时尚感。工艺表现是指通过实际操作，在针织服装上将图案表现出来的方式，与材料和组织结构相结合，具有很强的技巧性，形式丰富。服装图案可采用多种工艺实现，针织特有的图案实现方式是提花和钩编，其他还包括印花、扎染蜡染、刺绣、手绘、拼贴、镂空、立体工艺等。

1. **提花和嵌花**

提花组织是实现花色图案效果的主要组织，嵌花为单面无浮线提花。提花和嵌花图案不受针数和行数的限制，任意位置以及各种横、竖、曲线条组成的形态都能实现，可以满地提花或局部提花，图案的内容非常广泛，包括北欧图案和费尔岛图案等传统的针织服装图案、具有异域情调的佩兹利纹、野性而时尚的动物纹、人脸图案等。提花图案以小图案为主，减少背面浮线的长度。提花和嵌花的具体内容参看针织组织结构一章，如图5-29、图5-30所示。

图5-29　Anna Sui　2017春夏
（满地提花图案的针织两件套，混搭衬衫短裤的睡衣风格）

图5-30　JW Anderson　2015秋冬
（嵌花组织的大型单独图案，主题突出）

2. **组织结构**

通过变换组织结构，形成方格、竖条、绞花或者树叶、贝壳等具有浅浮雕感的花纹图案，如罗纹的凹凸竖条效应、集圈的蜂巢肌理等。此外，图案纹样与组织结构和纱线应该相适应，过于丰富的组织肌理和纱线会影响花型图案的表达，越复杂的图案越倾向于选择简单的组织结构，越复杂的组织结构越倾向于选择简单的纱线。产业化生产的针织服装图案，一般选择平针结构，大面积的平针结构能够将肌理对图案及色彩的干扰降低到最小，在花色上追求更多设计美感，如图5-31、图5-32所示。

3. **钩花**

钩编是指用钩针，通过钩挑方法，将纱线制作为图案或花边。通过选取一定的组织结构和针法，变换各种色纱，可变化出规律、严谨、凹凸、疏密、镂空等极为丰富的肌理和图案，如图5-33、图5-34所示。

4. **印染**

印花也是针织服装图案常见的实现方式。其中羊毛衫织物印花方法，按印花工艺分有直

图5-31 M.Patmos 2016秋冬
（纱线色彩和材质相同，不同组织结构形成浮雕感图案）

图5-32 Cividini 2017春夏
（抽针罗纹形成的虚实竖条图案）

图5-33 Veronique Branquinho 2016秋冬
（红色钩花的色彩和长度比例美艳动人）

图5-34 Alexander McQueen 2017春夏
（钩编的圆形花纹组合映射费尔岛图案，和金属装饰、格子布展现现代和传统元素的融合）

接印花、防染印花和拔染印花；按印花设备分则主要有数码印花、辊筒印花、筛网印花和转移印花等。与染色工艺类似，毛衫织物在印花前必须经过预处理，以获得良好的润湿性，以使色浆匀透地进入纤维，涤纶等可塑性织物有时还需经热定型，以减少羊毛衫印花过程中的收缩变形。

图5-35　Undercover　2016秋冬
（重叠的印花人像具有波普风格）

直接印花法指运用滚筒、圆网或平网等设备直接印制而成的图案设计，其表现力很强，色彩丰富、细致、层次多变。转移印花法是通过染料图案印制在转移纸上，在高温和压力的作用下，使图案转印到毛衫上。防染印花法常见的有浆染、蜡染、扎染等，指通过捆扎布料和上蜡，防止布料染色而形成的图案，具有单纯质朴的效果，如图5-35～图5-37所示。

5. 刺绣

刺绣历史悠久，表现力强、应用广泛。刺绣种类多种多样，包括平绣、乱针绣、十字绣、盘绣、打结绣、贴布绣、挑花、抽丝等。从材料上分为毛线绣、绒线绣、丝绣、丝带绣、珠绣、镜饰绣和金银丝线绣等。可采用手工刺绣或电脑绣花。针织面料弹性较大，具有线圈洞孔，在机绣过程中难度加大，在绣花之前，需要先在所绣织物部位的背面熨烫上多层低温纸衬，以稳定加固针迹，更加顺滑，减少收缩、拉伸导致的脱线或花样

图5-36　Sacai Luck　2015早秋
（豹纹、蛇纹和斑马纹等动物纹是常见印花图案）

图5-37　Christian Wijnants　2013秋冬

变形，在刺绣结束后再将纸衬撕除，如图5-38、图5-39所示。

6. 烫钻

烫钻装饰是将烫钻拼成的特定图案用烫机烫压在针织服装选定部位。根据风格和款式选

图5-38 Valentino 2015早秋
（针织服装的刺绣在精致程度上逊于机织服装）

图5-39 Antonio Marras 2016春夏
（刺绣、亮片和贴花的组合，丰富图案效果）

图5-40 Antonio Marras
（印花和烫钻的组合）

图5-41 Ulyana Sergeenko 2014高定
（针织印花和钉亮片进行装饰）

择烫钻的形状和颗粒大小，如图5-40、图5-41所示。

7. **拼贴**

将不同色彩和肌理的一定面积材料剪成图案后，通过缝缀和黏合，附着在针织服装上的方法。局部的图案通过色彩、质感肌理感增强其装饰感，如图5-42、图5-43所示。

图5-42　Ground Zero　2015秋冬
（该款毛衣采用提花等图案实现方式，其中英文字母采用绣花，皇冠logo采用拼贴）

图5-43　Emilio Pucci　2016秋冬
（几何感图案的条状装饰缝缀在针织服装上形成随意的线条）

8. **镂空**

针织服装的镂空一般通过收针和移圈技术以及挑花等组织结构形成，密集的镂空呈现蕾丝面料效果，如图5-44、图5-45所示。

图5-44　Isabel Marant　2016秋冬
（前中和袖子的叶状图案为镂空）

图5-45　Mark Fast　2011春夏
（Mark Fast是蕾丝针织的经典代表设计师）

9. **立体装饰**

图案以立体的形式装饰在针织服装表面，如利用面料制作的蝴蝶结和立体花、利用绳带盘绕形成的盘扣和盘花等。此外，针织面料的肌理再造也能获得抽褶、褶裥等具有质感的图案效果。可以参考针织材质和肌理设计的内容，如图5-46、图5-47所示。

图5-46　富有民族感的立体针织装饰

图5-47　Iceberg　2015秋冬
（粉红色毛衣在黑色条带装饰兰花）

练习与实践

1．请设计一个系列针织服装，并采用不同的配色方法进行色彩方案设计。
2．请设计一个图案，以不同的实现形式运用到针织服装中。

理论与实践——

针织服装系列设计

课题名称： 针织服装系列设计

课题内容： 1．针织服装设计的灵感和主题

2．针织服装设计方法

3．针织服装的系列设计

4．针织服装的时尚语言

课题时间： 10课时

教学目的： 通过设计练习及实训，综合运用前面章节所学内容，为后续课程和毕业设计打下基础。

教学方法： 1．实验法，进行实验性的创造设计，强调创新意识。

2．开拓启发，不断加入新设计思维、新技术和新工艺。

3．项目法和作品交流。

教学要求： 掌握针织服装的系列设计流程和方法，了解时尚语言。

第六章　针织服装系列设计

第一节　针织服装设计的灵感和主题

一、设计灵感

1. 寻找灵感

任何艺术作品都体现创作者的灵感，而灵感又指导着艺术创作过程中的思维活动。创作灵感来源于世界上存在的或不存在的任何事物，灵感素材可以是有形的物体也可以是无实体形态的，或是社会文化生活的某个领域和某个现象。由于个人对生活的理解，工作经验、环境、文化素质、艺术修养的不同导致思维方式的差异。要想成功地寻求灵感源，捕获灵感，客观上需要有针织服装的专业知识，又需要有对相关艺术的了解，还需要对历史、时事、科学技术的关注；主观上还要有勤于思考、执着追求的精神。灵感又是可遇而不可求的，灵感具有突发性、偶然性。不同设计师对不同的灵感源会有不同的反应、产生不同的灵感；即使是同一位设计师在不同的时间、地点、场合、心情下看到同一种灵感源也会有不同的反应，产生不同的设计灵感。

不论构思的灵感是怎样产生的，都不能仅仅依靠苦思冥想得到，而是应该有的放矢，去关心、发现、寻找有关针织服装方面的信息。创造灵感的产生不是偶然孤立的现象，是创造者对某个问题长期实践、不断积累经验和努力思考探索的结果，它或是在原型的启发下出现，或是在注意力转移、大脑的紧张思考得以放松的不经意场合出现。最终，构思灵感的形成常常来源于生活，来之于某一事物的启发与刺激，其背后带有某种必然性，知识面广博才能厚积薄发。有的人形象思维比较活跃，一般有了设想，再去选择纱线和组织结构，然后逐步完善构思；有的人从纱线和组织结构的风格和特性中得到启发，采用立裁剪方法，当针织面料覆盖和围绕于人体时，所产生特殊的静态造型，启发设计师新的创作灵感，比如Sandra Backlund直接将手工针织在人台上创造出雕塑感的服装。由于引发构思的途径是多方面的，可以从结构造型、纱线、针织工艺、装饰手法等产生各种新构想，甚至一粒纽扣、一个饰品都可触发出构思的灵感。根据一个灵感源，可以有不同风格、定位和方向的创作取向，如何选择很重要。

（1）大自然。源于自然界的素材是最生动和富有感染力的，无论静态的山水植物和动态的生物，还是各种地域的风情景物比如热带非洲的沙漠树林、美洲平原的高峡平湖、欧洲大陆的古堡田园，常常激发设计的灵感，获得主题性的启迪。对异域风情的关注猎奇，几乎是所有设计者拓宽想象空间的途径方式。面对丰富的素材资源，选择的关键是所追求的艺术风格和是否能打动人们的内心世界。

（2）时代社会。服装是社会的一面镜子，社会文化动态的变化也处处影响着针织服装发展，每一次社会变化和改革，如科技的发展、环保思潮、街头文化，新的生存状态的提出等，都会为针织服装传递不同的信息，提供创作的灵感。历史的变迁所展示的每个时代风采，呈现出强烈的时代特征，对寻觅新的设计构思有着足够的吸引和触动，将这种情感移至艺术的创作，成为灵感来源。流行来自社会和文化，是社会文化动态的晴雨表，任何社会文化思潮的出现都会在流行文化中表现出来，而服装往往是表现流行文化的先驱，时装更加凸现流行文化的特色。一种文化思潮的出现与蔓延，有时持久且范围广泛，有时为时不长但影响巨大，一种思潮的出现总会造成流行的普及，如不同于主流文化的亚文化。

（3）历史文化。现代针织服装是传统文化的发展和延伸。国内外传统文化的各种形式包括很多素材，绘画、建筑、文学、音乐、雕塑、手工艺品、工具等都可以作为针织服装设计的灵感源。随着后现代特征的蔓延，各种历史文化相交融合的主题设计已经成为一种趋势，把各种元素杂糅在一起，以迎合当代人类丰富又复杂的心理需求，将某些相反文化特征的元素交融在一起设计形成文化的碰撞，更具张力和震撼力，如图6-1所示。

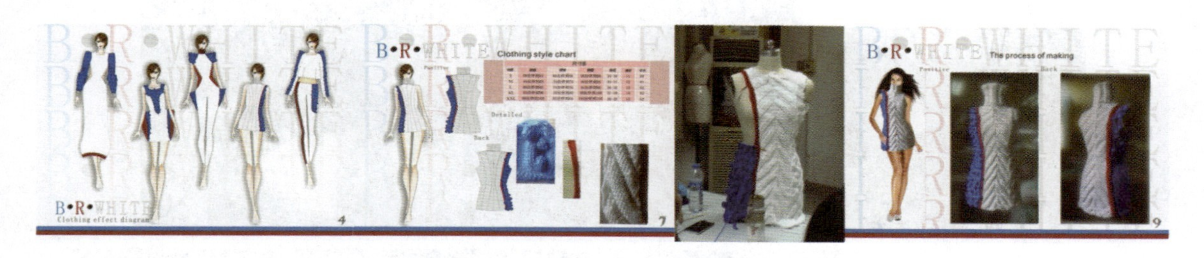

图6-1 B · R · White（黄静森）
（灵感来自法国国旗）

（4）艺术。舞蹈、电影、绘画、建筑、诗歌、摄影、动画、传媒艺术、卡通艺术、装饰艺术、广告等众多的艺术形式是融会贯通的，实质是用不同的物化形式来表现思想意识。设计师会以不同形式把具有文化内涵的艺术与服装艺术融合一起，同时让人们对它有新的认识和见解。来自艺术的灵感对许多针织服装设计师始终有着强烈的吸引力。伊夫 · 圣 · 洛朗从荷兰抽象画家蒙德理安的作品《红、黄、蓝构图》中得到灵感，移植到系列时装的造型中，获得了巨大的成功。

（5）民族服饰。不同的民族拥有各自不同的文化背景，在审美观念、风俗习惯、文化艺术、宗教信仰等方面也各不相同，民族的特点是非常容易通过其服装文化来展示的，东西方民族长期以来形成的不同服装是极为丰富宝贵的财富。苏格兰人的方格裙、西班牙人的斗牛盛装、印度人的纱丽头巾、日本人的和服、朝鲜人的高腰裙装、中国满族人的旗袍、费尔岛毛衫、渔夫毛衫、阿兰花毛衫、北欧毛衫和菱形格毛衫等欧洲传统针织服装，这些样式各异凝聚着人类智慧的精美之作，在被当成传统文化保留的同时，也成为现代针织服装构想灵感来源，如图6-2所示。

（6）科技因素。航天航空、网络信息化、基因工程等技术的飞速发展，带动了服

图6-2 以藏族服装为灵感来源（杨佳慧）

装技术，尤其是纺织品材料和加工技术的飞速发展，同时也为设计师们提供了广阔的想象空间和灵感来源，以科技为灵感来源进行针织服装设计已成为当代设计中重要的一个方面。科学技术的发展也促使人们对未来充满幻想和想象，丰富的想象力成为针织服装设计的又一主题来源。由于科技的参与，纱线、针织技术和针织设备改变巨大，给针织服装流行带来革命性变革，莱卡的发明使得紧身衣风行一时，电脑横机技术促使无缝针织服装的发展。新的科学技术如电子、数字技术、光学技术、纳米技术以及媒体技术等融入设计中，不断给设计注入时代的活力，如图6-3所示。

2. 提炼灵感

任何一种事物都有可能成为灵感源，而且每种事物有很多

图6-3 夜（谢玉燕）
（以科技为灵感来源，采用LED灯和钩编元素的结合）

种观察方法，从平时司空见惯的事物中去发现美，去剖析它带来的感觉和想法，这种感觉和想法就是创作灵感。有了这个灵感还不够，还必须进一步分析这个灵感的实质，否则，它将不能被有意识地或建设性地用于设计之中。关键是要确定一种能被大众所理解的方法将灵感运用到服饰中，这就是提炼灵感的过程。通过提炼灵感元素，逐步发现是其吸引因素，并且可以确定设计主题。以美好的事物作为灵感，常能提炼出优美和谐的常规主题；而以某些令人厌恶或者恐惧的事物做主题，就可以提炼出离经叛道的反常规主题。

3. 转化深化灵感

发现并了解了灵感源的本质之后，就要将这一灵感运用到设计中去。首先要将所发现的这一灵感源剖析成诸多的“零部件”，并从这些“零部件”中提取适合设计元素。不同的设计师对于同一个事物会有各自不同想法和感受，因而就会用不同的主题去表达和诠释。如何

进一步地使感觉或灵感上升为完整流畅的美的创造，需要做更为具体深入的反复推敲。

二、设计主题

主题是文学、艺术作品中所表现的中心思想的核心，作为艺术表现中思想内涵的集中反映。主题既是素材选取的核心部分，也是意欲表达的情感依据，极易生发艺术创作的灵感闪现，营造出生动别致的美g妙形式。主题是设计表现的构思中心，通过主题传达设计者的精神取向和态度。针织服装虽然受到纱线材质和工艺技术的限制，具有较强的功能性和实用性，但就设计创作过程和表现形式而言，与文学、艺术创作的性质基本相同，也就是蕴含在针织服装作品之中的中心思想。主题除了自己选择之外，也由设计大赛、企业或教师指定。

主题的选择要能反映时代的风貌、艺术风格、民族传统、社会风尚和流行风潮。主题设计的关键是了解、分析主题的灵感来源，明确主题真正的意图。造型设计从确立主题开始，要把针织服装的功能、内容与表达形式作为一个整体来考虑，并且有主题要求的设计首先要使题材合乎情理又富有新意，围绕一定的主题去发现和寻找元素，可能是具象的或抽象的，可能是社会生活或大自然，也可能是各种艺术形式，如绘画、音乐、戏剧和电影等，这些元素就是设计的灵感源，是展开想象和创作的基本元素；随后，通过这些基本元素的分析、理解和再创作，把它们升华和物化，这个过程是一个从灵感到设计的过程，体现了不同设计者对生活的理解和感悟，由主题检查针织服装造型的型、色、质；再由组成针织服装的每个因素检查主题表现的准确性。以艺术类创意为主题的设计必须在构思上灵活大胆，强调独创性，突出超前意识，注重创造力的发挥；以实用类创意为主题的设计则注重市场化的含量，并从批量生产方面思考其工艺的流程和具有可操作性的规范技术。对于针织服装而言，除了上述选择之外，纱线材质、组织结构、民族针织服装均可以构成设计主题，如图6-4所示。

图6-4　抖动（曾嘉琦）

第二节　针织服装设计方法

对于同一个设计主题，可以有不同的设计构思和不同的创造技法。下面介绍几种主要的针织服装设计方法。

一、调研法

调研法是通过收集反馈信息来改进设计的一种设计方法。要使针织服装设计符合流行趋势、产品畅销，市场调研是必不可少。调研的目的是为了在市场中取其精华，去其糟粕，发现使产品畅销的设计元素，在以后的设计继续运用或进一步改进；同时找出不受欢迎的设计元素，在下一个产品中去除，找出改进点，考虑是否有新的改进方法，得到新的设计创意。在调研法里有三个分类。第一，优点列记法，罗列现状中存在的优点和长处，继续保持和发扬光大。任何好的设计都有设计的闪光点，成功的设计中的闪光点不宜轻易舍弃，应分析其是否存在再利用的价值，将这些优点借鉴运用会产生更好的设计结果。第二，缺点列记法，罗列现状中存在的缺点和不足，加以改进或去除。服装产品中存在的缺点将直接影响其销售业绩，只有在以后的设计中改正这些引起产品滞销的缺点，才有可能改变现状，缺点列记法在实际中比优点列记法更为重要。第三，希望点列记法，是收集各种希望和建议，搜索创新的可能，这一方法是对现状的否定，听取对设计最有发言权的多个渠道的意见，如图6-5～图6-7所示，Krizia在2011秋冬和2013秋冬对豹子图案的延续设计。

图6-5　Krizia　2011秋冬

二、模仿法

模仿设计法是通过不同事物或相同事物之间的比较产生新的设计构思，将某种东西的形态直接或间接拿来运用的方法，涉及外形、结构、用色、功能与使用等方面。模仿设计与移用设计和联想设计具有共通性。可以直接模拟，借鉴造型、色彩、材质、工艺手法等，截取利用大师作品、历史服饰或民族服饰的一些形式内容，忌生搬硬套；也可以变化或间接模仿，不是单纯搬借表面的外观形式，经过构思改变原型，对已有的各种物体或设计进行有选择、有变化的重组，融入新的设计内容和形式，同时加入了情感与观念。

从广义角度而言，仿生设计就是模仿设计，是选择有生命或无生命的形、色、质和形式，运用仿生、仿物手段的创造性手法，通过模仿手段在针织服装形态上显示出这些神态。仿生设计灵感来源于动植物的形状、结构、色彩与肌理，对动植物具备的运动技能与形态特

图6-6　Krizia　2013秋冬

图6-7　Krizia　2013秋冬

征深入探究仿造，以形写神，以写形为手段，以写神为目的，如喇叭袖、羊腿袖、燕尾服、马蹄袖，注意避免纯粹的模拟抄袭，如图6-8所示，模仿红白蓝编织袋的不对称开襟毛衫，如图6-9所示。

图6-8　Eachx Other　2017秋冬

图6-9　Aquilano. Rimondi　2017秋冬

三、派生法

派生是繁殖衍生的一种构成方式。针织服装设计多是寻求一种美妙的穿着时尚，需要不断地变换，推出有着崭新视觉形象的样式，所以派生设计方法非常可取。派生的设计还存有模仿参照的特点，是在原型基础上将点、线、面、体、面、质等造型要素所做的加以适量有序的多级渐变。派生的循序变更过程非常容易生成系列化的造型。派生设计包括外形与内部变化；外形不变，内部变动；内部保持，外形变动。色彩的渐变一定程度也是派生更新。钩编蕾丝元素运用派生法进行的设计，同样的风格特点，通过变化衍生出不同款式，如图6-10所示。

图6-10　Gypsy Sport　2017秋冬

图6-11　JWAnderson　2017秋冬
（毛衫加长、袖子加长，夸张了长度比例，形成超大尺寸的款式）

四、变换法

变换法是改变事物中的某一现状来产生新的形态。在原型的基础上，变更设计、材料、制作三大服装设计要素，都会赋予设计以新的含义。比如在结构设计中，变动分割线的部位就可能改变整件服装的风格，而不同的制作工艺也使针织服装具有不同的风格。

五、夸张法

夸张设计是针织服装整体形态或局部形态的扩大、缩小与改变，在趋向极限的过程中截取其利用的可能性，以此确定理想的造型。针织服装设计的基础是人体，人体不可能夸张，但可以夸张人体的特点。夸张法的形式多样，如重叠、组合、变换、接线的移动和分解等，可以从位置高低、长短、粗细、轻重、厚薄、软硬等多方面进行造型极限夸张，如图6-11所示。

六、逆向法

从事物相反的方面去思考，与事物完全相反的形态、性质相关，打破常规、习惯、传统的定式思维，表现新奇、趣味和独创性，寻求异化和突变结果的设计方法。逆向法的内容可以是题材、环境或者思维、形态等。针织服装逆向法的内容较为具体，如上装与下装、内衣与外衣、里子与面料、男装与女装、前面与后面、宽松与紧身的逆向等。使用逆向法时一定要灵活，不可生搬硬套，作品无论多有新意，也要保留原有事物自身的特点，否则会显得生硬而滑稽。20世纪80年代内衣外穿的兴起以及解构主义就是利用逆向思维进行服装设计的典型，如图6-12所示。

图6-12　Maison Margiela　2017秋冬高定
（将传统毛衫图案和部件进行解构设计）

七、联想法

联想是由一种事物想到另一种事物的心理过程，即以某一个意念原型为出发点，展开连续想象，不断深化，截取想象过程中的某一结果为设计所用。联想的产生既可能由正被感知的事物所引起，也可能由经验所引发，直接或间接地将这种感觉与经验转化成设计。联想的思维模式在每个人的经历和实践中都存在，每个人的审美情趣、艺术修养和文化素质不相同，不同的人从同一原型展开联想设计，联想在构思中的潜力与作用就相差甚远，不同的感受传性会使联想的结果差异很大，要在一连串的联想过程或结果中找到最需要又最适合发展成针织服装样式的部分。针织服装创意思维是有一定范围的，是以视觉表象为主而进行的联想，按一定的主线而进行的形象思维，并不是漫无边际的，只有有意识限制的联想，才具有实用价值。

联想主要有接近、类似、对比、因果四种方式。第一，接近联想，由一种事物想到空间上或时间上相接近的另一种事物；第二，类似联想，由一种事物想到在性质上或形态上与它相类似的另一种事物，根据事物相似点的心理性质的不同分为外部形态、内部逻辑、情感反应三类；第三，对比联想，由一种事物想到相反的另一种事物，基础是事物外部或内在特征的对立与统一的关系；第四，因果联想，由一种事物的原因想到其发展的结果，或由现在的结果想到形成的原因。以上四种联想方式，在运用中并不是孤立的，而是相互交织联系在一起，并各自发挥作用，如图6-13所示。

图6-13　Fashion East　2017秋冬
（针织吊带裙联想到蓝天白云）

八、整体法

整体法是由整体展开逐步推进到局部的设计方法。先根据风格确定整体轮廓，包括款式、色彩、纱线、组织结构等，然后在此基础上确定针织服装的内部结构，内部的东西与整体要相互关联，相互协调。这种方法比较容易从整体上控制设计结果，使得设计具有全局观念强、局部特点鲜明的效果。局部造型要与整体造型相协调，避免出现与整体造型相矛盾的局部造型，否则由造型产生的形态感难以统一，造成风格的混乱。

九、局部法

局部法是与整体法相反，以局部为出发点，进而扩展到整体的设计方法。这种方法比较容易把握局部的设计效果，有时会由某一个局部造型产生新的设计灵感，把这一部分运用到新设计中去，并寻找与之相配的整体造型，如果不相配就会形成视觉上的混乱。

十、限定法

限定法是指在事物的某些要素被限定的情况下进行设计的方法。任何设计都有不同程度的限定，如价格的限定、用途功能的限定、规格尺寸限定等。一般限定条件可分为六个方面：造型限定、色彩限定、组织结构限定、面辅料限定、结构限定、工艺限定。

第三节　针织服装的系列设计

系列是表达一类产品中具有相同或相似的元素，并以一定的次序和内部关联性构成各自完整而相互有联系的产品或作品的形式。系列化构思是发散性思维的表现。针织服装系列设计是把设计从单项转向多项，从多种角度综合系列地体现设计，针织服装形态、色彩、装饰、材料、风格上有相关协调性。整体系列形式出现的针织服装以重复、强调、变化细节和各种元素产生强烈的视觉感染力，比单件服装的效果要强得多，可以形成一定的视觉冲击力。

系列针织服装发展是在确定设计主题和设计风格以后，确定系列针织服装的品种种类、系列作品的色调、主要的装饰手段、系列主要的细部以及系列作品的选材和组织结构等，每一套针织服装在款式、色彩、材料三者之间寻找某种关联性。系列可从年龄、性别、季节、色彩以及用途功能、上下、里外、长短等出发，可以从功能、纱线、色彩、服装分类等出发分系列，但同一系列的针织服装之间必定有着某种相互关联的元素，有着鲜明的使针织服装设计作品形成系列的动因关系。因此每一系列的服装在多元素组合中表现出来的关联性和秩序性是系列服装设计的基本要求。系列针织服装的完善，不仅是指一件针织服装的效果，更重要的是整体的完善和全体意义上的和谐，整体的效果关键在协调各单件针织服装之间的关系，使每套服装都处于既相互联系、又相互制约的关系之中，使系列针织服装构成一个有统一又有变化的有机整体。

一、基型

系列针织服装虽然是一个多套服装构成的群体，在设计构思的最初阶段是其中的一套服装开始。最初构思出来的这一套针织服装，称为基型款式，是系列产生的最基本的造型形象。系列基型尽管在构思方法、创意过程方面与一般的设计没有区别，但也并不是所有的款式都能发展成为系列，能成为系列基型的款式必须详细、全面、富于形象特征和情调，这样的款式才具可塑性，创作的系列才能主动而充实。

详细是指基型款式的内容要充分具体、言之有物，各部分的细节都很清楚明确；全面是指基型款式包括针织服装服饰的内容，要讲究配套，针织服装的形象要完整；富于形象特征是指基型款式要有个性和特点，形象特征要鲜明，要有特色，便于把握和发挥；富于情调是指基型款式的总体服装形象要有一定的情境特征，带有一定的情趣倾向，这样的款式才能以情动人，调动设计师的思绪，以此发展的系列才具有感染力。基型款式确立以后，尽管还没有展开构成系列，却已经明确了整个系列的形态特征、款式造型和风格情调，为系列群体服装的形成起到导向和启示作用。通过基型款式发现系列构成的切入点，也把握了系列创作的主导思想，系列针织服装的发展和构思有了可以依靠的线索。当系列设计的主题和风格确定以后，可以进行具体的系列设计，如图6–14所示。

图6–14　基型设计

二、系列形式

基本款确立之后，需要根据基型款式的特征衍生和发展出更多的针织服装，以形成系列的群体。从基型的款式构成形式出发，找到基型的总体定位和风格，抓住基型的独特特征，进行思维的拓宽和款式的变化，进行廓型的拓展，在其搭配、比例、造型等方面进行变化，达到了各种廓型的变化；或者确定变化的焦点或视觉中心，把焦点夸大、变形，最后确定出一系列喜欢的廓型；也可以用草图的形式，勾画出几种构想，组成系列，再从中筛选出最满意款式。定位是基型款式变化的基础，确定基型的格调，明确服装款式变化所要遵循的规则，从规则出发，所形成的群体也就容易统一和协调。基本款式的特征是系列群体的共性形成的关键，可以运用上一节的各种设计方法，变化和衍生基型的独特特征，发展更多的针织服装造型。

款型的系列感是指服装款式中存在着某种相似的元素。服饰的系列款式中，可设计不同的细节部件，使相同轮廓的服装在配合不同细节部件后，在外观上产生一些变化。成功的轮廓可反复地出现在一个系列的服饰之中，只是通过细节部件的变化来完成不同款式设计。成功的细节部件也是可以反复利用的。系列款式在长短变化、内外组合中，应使部分与部分、部分与整体之间构成一定的比例关系，使之协调、完美。

系列设计形式很多，关键是系列特征明显，能一目了然地感受到这些款式内在统一性和共同感，既有相近之处，又有不同的变化。系列设计形式主要有中心式与联合式。中心式是同一个主题，有多套款式，是以某一服装为中心款式，其他款以中心款式为基本款式来进行设计的。中心式在系列整体上起中心、统帅作用，系列中其他款与中心款式有一种协调关系。联合式是在多套系列组合中，各款式中没有明显处中心地位的款式，而是联合在一起时是一个整体，分开时即为单一独立的款式。

廓型系列是指针织服装的外部造型一致，在局部结构进行变化，使整个系列保持廓型特征一致的同时仍然丰富的变化形式。要注意外轮廓型造型是否具有较强的特征，否则会显得杂乱无章，注意外造型的整体性，使造型有明显的系列特征，里面的局部细节不能影响外造型的特征。

内部细节系列是指把针织服装中的某些细节作为系列元素，使之成为系列中的关联性元素，通过对细节要素的组合、派生、重整、重构使针织服装系列化的方式。作为系列设计重点的细节要有足够的设计力度以压住其他设计。相同或邻近的内部细节可利用各种搭配形式组合出长短的变化和丰富的层次，或通过改变大小、颜色和位置，就可以产生丰富的层次和美感。内部细节系列的针织服装款式在长短变化、内外组合中，使部分与部分、部分与整体之间构成一定的比例关系。

形式美系列是不同的表现手法来体现系列针织服装的形式美，比如用对比的手法将针织服装外部造型和局部细节进行组合设计；在视觉上感觉没有统一的形成系列的感觉，加入调和元素形成统一，这些调和元素不足以成为系列元素，但使得整体设计取得形式上的系列感。

色彩系列形式是以色彩作为统一要素，通过色彩的渐变、重复、相同、类似等配置方法取得形式上的变化感。色彩系列可分为色相系列、明度系列、纯度系列和无彩色系列。造型的搭配灵活多变，所以色彩系列服装在色彩的运用上一定要注意色彩的强度要压住造型，否则，色彩太弱就会减弱其系列性，使得设计系列重点不突出。同时在面料的选用要注意其风格反差不能太大，否则也会破坏系列效果。

材质组成系列的针织服装是利用材质的特色通过对比或组合来表现系列感的系列形式。通常情况下材质的特色比较鲜明，此形式的系列表现中，造型特征可以不受限制，色彩也可以随意应用，全靠材质的特色来造成强烈的视觉冲击力，形成系列感。材质选择相当重要，如果材质的特点不是很突出，没有较强的个性与风格，靠材质组成系列针织服装的系列感就会比较弱甚至难以组成系列；肌理效果很强或各经过再造的材质，具有非常强烈的风格和特征，即使造型和色彩上没有太大的变化，也会有丰富的视觉效果，再通过造型的变化、色彩的合理表现，其系列效果会有非常强烈的震撼力。材质系列以特殊的材料形式，不论采用什么样的色彩形式和造型特征去表现，仍然具有较强的材料特点。针织不论其他构成要素怎样变化，针织特有的材质肌理感也会控制着整个系列的整体感觉。材质系列的针织服装设计，必须考虑材质风格与造型特征是否相协调，否则就会让人感觉所表达的内容不一致，表现混乱，使得设计作品很不协调。

工艺系列是指强调针织服装的工艺特色，把工艺特色贯穿其间成为系列服装的关联性。

工艺特色包括钩编、饰边、绣花、装饰线、印染等。工艺系列设计一般是在多套服装中反复应用同一种工艺手法，使之成为设计系列作品中最引人注目的设计内容。工艺的独特性相比较其他设计元素很容易出跳，从而在设计中成为系列设计的统一元素，不仅能与针织服装有机地结合，也丰富了针织服装的表现语言。

根据系列形式来罗列和组织纱线、材质、组织结构、色彩、结构、工艺、局部细节到服饰配件等系列要素，否则在设计过程就会出现混乱，面对众多的系列要素时就会觉得无从下手，条理不清。然后根据系列套数来进行合理安排分配，系列要素一定要与主题风格和系列形式协调，如图6-15、图6-16所示。

图6-15　拾荒（张晓英）

三、设计图

所有的系列要素一经选定，进行合理的组织安排后，就要用图稿的形式将每一款设计逐一画出，要注意整体系列感的表现以及系列元素的合理安排，即构思草图。这是将针织服装的形、色、质等要素不断进行延伸和组合的设想和计划，系列草图尽可能多地画出丰富多样的设计款式，这些草图大多是漫无边际、不成系列的，从中挑选比较优秀的设计，然后在这些设计的基则上再进行构思整合，完善造型、细节，最后完成完整的系列设计。

用绘画表达与构思总会有差异，所以整体系列完成以后，还要看看系列针织服装之间的关联协调是否达到理想效果，细节设计、布局安排是否到位，然后再根据设计意图进行局

图6-16　白夜星轨（万思）

部调整，这样就会使设计更加完整统一，如图6-17、图6-18所示。

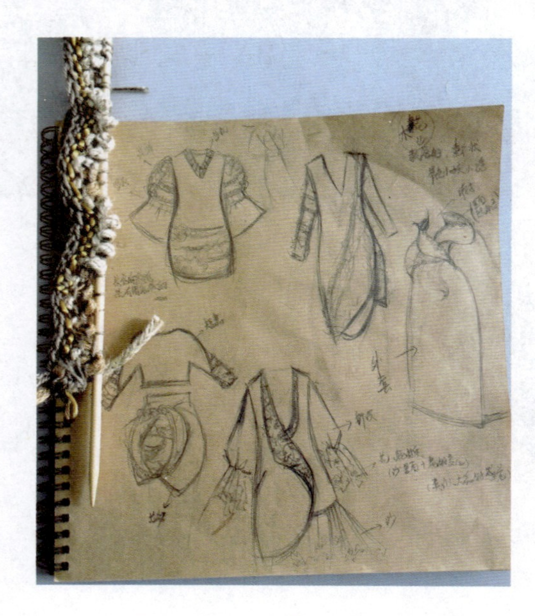

图6-17　针织系列设计草图

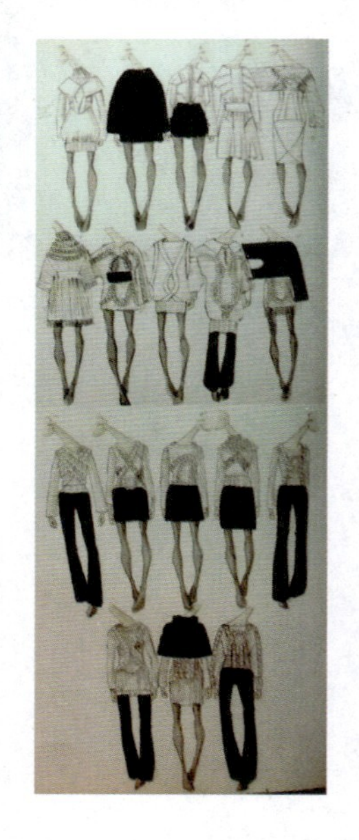

图6-18　针织系列设计图

案例一

胡家朗的《春光乍泄》，以香港电影《春光乍泄》为灵感，通过7个电影节点情景，逐步发展为20个款式的针织服装胶囊系列（图6-19）。

案例二

《静·蕴》，作者：白珍霞。设计说明：在这个快节奏的社会里，你曾经是否试着去

针织服装设计
knitwear design
14050562 服装2班 胡家朗 指导老师：曾丽
主题版
春光乍泄
happy together
A Story About Reunion

图6-19

图6-19　案例一（胡家朗）

深呼吸，让自己急躁的心慢慢地平静下来，静静地去感受这个世界，去感受这个世界的人、事、物，感受它们相遇时的感动，感受它们相撞时的火花，感受它们相聚时的美好，感受它们蕴含的“味道”，深呼吸，慢慢地去感受。系列特点在材质为卷筒纸（图6-20）。

图6-20

图6-20 案例二（白珍霞）

案例三

Tribe，作者：杨佳慧。以部落文化为灵感的针织服装（图6-21）。

图6-21 案例三（杨佳慧）

第四节　针织服装的时尚语言

时尚语言在针织服装最主要的特征是流行。流行是人们审美观念改变的社会现象，表现为在一定时间与空间限度内，针织服装款式、纱线、组织结构和色彩以及风格迅速传播，顶盛行一时，成为针织服装的主导潮流，从而形成特殊的针织服装景观。流行概念有两层含义：从空间视角，流行是一种现象，不同风格的时装在不同的社会层次有不同的分布，反映了社会层次的审美差异；从时间视角来看，流行是一个过程，是一种动态，反映社会审美意识的变化。

时装流行的方式有三种：

由上向下模式，即由社会上层往下传播，表现为上层服装影响下层；

由下向上模式，即从社会下层往上传播；

平行模式，即在社会各阶层之间的传播。

针织服装流行预测是根据客观实在对流行趋势的预想，在特定时间，根据过去的经验，对服装市场、社会经济和整体社会环境进行专业评估，推测在未来某一时间服装的流行元素。影响流行的因素包括文化、新技术、商店报告、展会和时装发布会、机构等。针织服装设计要随时了解服装最新动向和预测服装发展趋势，在此基础上谋求新的设计理念和表现题材。时尚语言在服装中的表现主要是流行色、流行的款式等。分为四个阶段，第一阶段是流行色；第二阶段是纱线、肌理和织物；第三阶段是表面效果或者印花装饰；第四阶段是服装趋势，即每季主要款式、细节和廓型。针织服装设计要随时了解服装最新动向和预测针织服装发展趋势，在此基础上谋求新的设计理念和表现题材，如图6-22、图6-23所示。

图6-22　2019春夏针织男装“In Touch”主题预测

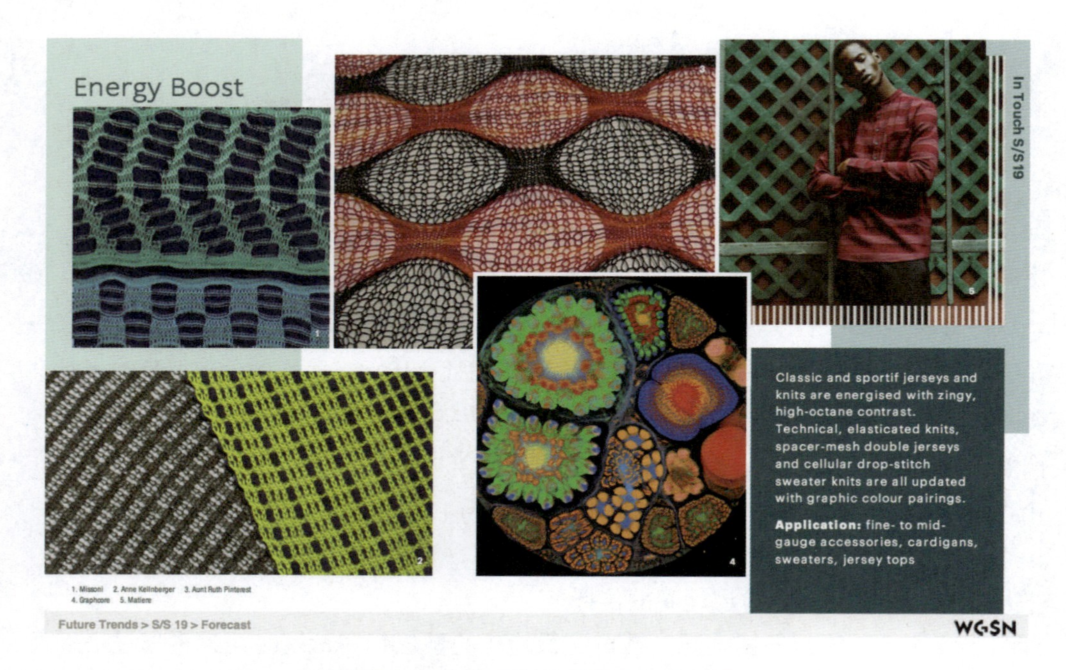

图6-23 2019春夏针织男装“In Touch”

流行信息公司或研究机构调查社会、经济、艺术、时尚、科学、街头文化和高级时装等的新动向，进行综合性的收集和研究。流行预测公司包括WGSN、Promostyl、Trend Union（时尚联盟）、Carlin和Here & There，根据客户每月、每季或每年推出专业报告。流行预测期刊有*Textile View*、*Viewpoint*、*View2*、*Wear Global Magazine*和*Trend Collezioni*等。流行趋势公司将流行趋势分为短期和长期。长期趋势关注社会趋势、全球趋势、人口、新技术和工艺，比如由于信息网络的发展，越来越多的人可以在家工作，促使服装越来越休闲舒适。短期趋势更容易受到一时流行的风潮影响，比如重要的回顾展或者新晋设计师的系列等。

一、流行色

服装流行色是指一个时期内正在流行或将要流行的颜色。流行色由20世纪60年代成立的国际流行色协会提前24个月确定国际流行色，18个月后发布综合的流行色信息。国际色彩权威、国际羊毛局、美国潘东公司等组织机构每季都在发布流行色资讯。我国在1982年成立中国流行色协会，如图6-24所示。

二、流行纱线

色彩的流行更多的是不断地循环往复，而针织面料的流行则是在永远翻新，这是因为科技发展总在创造着新组织、新成分的纱线，组成新工艺、新结构的面料。服装产业链上各个环节的流行预测机构，也都在相应地推出其流行方案，如纱线预测、纺织品面料的预测方案等。这些方案的推出是流行预测机构通过大量的市场调研，汇总所有流行信息，进行理性分析之后得出的。纱线的流行预测包括国际羊毛局对羊毛纱线的流行发布、国际棉花协会对棉纱线的流行发布等。法国PREMIÈRE VISION、德国Inter Stoff、意大利Pitti Filati等面料博览会

图6-24　2019春夏针织男装“In Touch”主题流行色预测

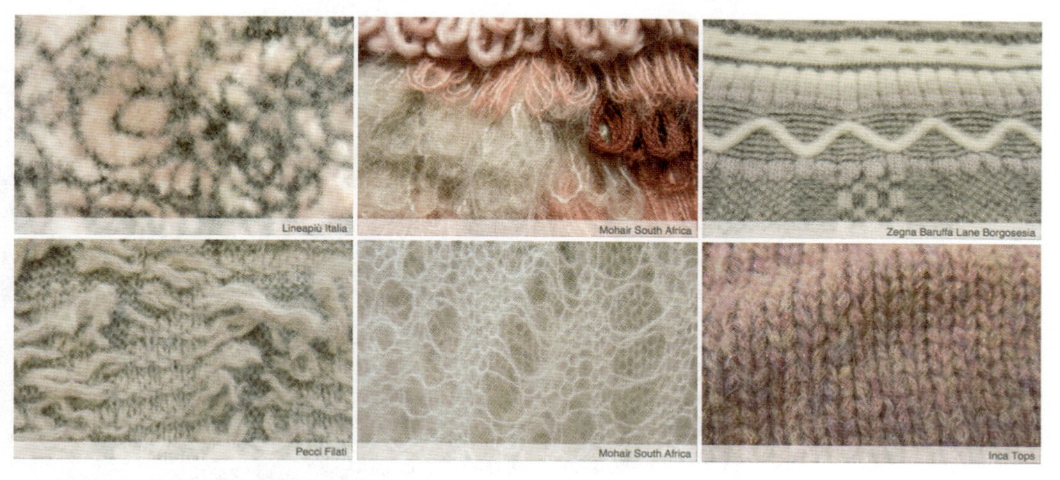

图6-25　Pitti Filati　2018秋冬“Romantic Softness”主题流行纱线和组织结构

在每季的发布会上推出纱线流行趋势，如图6-25所示。

三、流行款式

针织服装外轮廓线即外部造型的剪影，首先决定服饰整体造型的主要特征，勾勒出服装流行的基本外貌，长、短、松、紧、曲、直、软、硬等造型的背后包含着审美感和时代感；在外轮廓的基础上，产生细节部位的特征等一些流行细节。两者相辅相成，共同说明一种流行特征。针织服装款式的流行预测也从针织服装的外轮廓开始，作为流行款式的基准。针织服装的线廓变化，是政治、文化、科技、经济、哲学变迁的反映，还经常受客观的人体形态和主观的视觉意识的影响，一般渐缓谨慎、循环往复的推进。当代服装的款式变化加快，只有3～6个月，如图6–26、图6–27所示。

图6–26　2018早秋针织女装流行款式预测

图6–27　装饰趋势预测

练习与实践

请收集资料，确定主题和风格，结合各章内容综合运用各种设计方法，设计一个系列针织服装，包括纱线和材质方案、组织结构方案以及色彩和图案方案，并制作针织小样。

参考文献

[1] 曾丽．服装设计概论［M］．长沙：湖南大学出版社，2016.
[2] 曾丽．服饰设计［M］．上海：上海交通大学出版社，2015.
[3] 刘晓刚，崔玉梅．基础服装设计［M］．2版．上海：东华大学出版社，2015.
[4] 赵展谊，万振江．针织工艺概论［M］．北京：中国纺织出版社，2000.
[5] 陈彬．时装设计风格［M］．上海：东华大学出版社，2009.
[6] 卞向阳．服装艺术判断［M］．上海：东华大学出版社，2006.
[7] 邓跃青．现代服装设计［M］．青岛：青岛出版社，2004.
[8] 张灏．服装设计策略［M］．北京：中国纺织出版社，2006.
[9] 于国瑞．服装延伸设计：从思维出发的训练［M］．北京：中国纺织出版社，2011.
[10] 万振江，曾丽．针织工艺与服装CAD/CAM［M］．北京：化学工业出版社，2004.
[11] Sandy Black. Knitwear in Fashion［M］. London: Thames &Hudson, 2002.
[12] Carol Brown. Knitwear Design［M］. London: Laurence King Publishing Ltd., 2013.
[13] Samantha Elliott. Knit: Innovations in Fashion, Art, Design［M］. London: Laurence King Publishing Ltd., 2015.
[14] Lisa Donofrio, Marilyn Hefferen. Designing a Knitwear Collection: From Inspiration to Finished Garment［M］. New York: Fairchild Books, 2008.
[15] 曾丽．纬编针织组织结构的视觉效应［J］．纺织导报，2013，（05）：101-103.
[16] 曾丽．北欧针织服饰图案研究［J］．针织工业，2013，（03）：52-56.
[17] 曾丽．服装图案在毛衫中的应用［J］．纺织导报，2010，（05）：102-104.
[18] www.WGSN.com